盘栽滑菇接种

盘栽滑菇秸秆托盘

盘栽滑菇出菇

袋栽滑菇常见常压灭菌锅（黄毅摄）

袋栽滑菇开放式接种

袋栽滑菇养菌

袋栽滑菇刺孔增氧

袋栽滑菇划口催菇

袋栽滑菇出菇

袋栽滑菇采收

方便袋栽培滑菇

瓶栽滑菇

建设新农村农产品标准化生产丛书

滑菇标准化生产技术

李　晓　编著

金盾出版社

内 容 提 要

本书由吉林农业大学农学院李晓编著。内容包括:滑菇标准化生产概述,滑菇生物学特性,滑菇标准化生产基础设施,滑菇菌种标准化制作工艺,滑菇标准化栽培技术,滑菇病虫害防治技术标准,滑菇采收加工技术标准。内容新颖、技术规范,针对性和可操作性强,适于农村广大菇农及菇业技术人员阅读,对农林院校师生、科研和标准化管理人员,亦有参考价值,还可作为高等职业技能培训教材。

图书在版编目(CIP)数据

滑菇标准化生产技术/李晓编著.—北京:金盾出版社,2007.10
(建设新农村农产品标准化生产丛书)
ISBN 978-7-5082-4676-5

Ⅰ.滑… Ⅱ.李… Ⅲ.裥伞菌-蔬菜园艺-标准化 Ⅳ.S646.1

中国版本图书馆 CIP 数据核字(2007)第 150133 号

金盾出版社出版、总发行
北京太平路 5 号(地铁万寿路站往南)
邮政编码:100036 电话:68214039 83219215
传真:68276683 网址:www.jdcbs.cn
彩色印刷:北京精美彩印有限公司
黑白印刷:北京兴华印刷厂
装订:双峰装订厂
各地新华书店经销

开本:787×1092 1/32 印张:3.25 彩页:4 字数:64 千字
2009 年 2 月第 1 版第 2 次印刷
印数:12001—23000 册 定价:6.00 元

序　言

随着改革开放的不断深入，我国的农业生产和农村经济得到了迅速发展。农产品的不断丰富，不仅保障了人民生活水平持续提高对农产品的需求，也为农产品的出口创汇创造了条件。然而，在我国农业生产的发展进程中，亦未能避开一些发达国家曾经走过的弯路，即在农产品数量持续增长的同时，农产品的质量和安全相对被忽略，使之成为制约农业生产持续发展的突出问题。因此，必须建立农产品标准化体系，并通过示范加以推广。

农产品标准化体系的建立、示范、推广和实施，是农业结构战略性调整的一项基础工作。实施农产品标准化生产，是农产品质量与安全的技术保证，是节约农业资源、减少农业面源污染的有效途径，是品牌农业和农业产业化发展的必然要求，也是农产品国际贸易和农业国际技术合作的基础。因此，也是我国农业可持续发展和农民增产增收的必由之路。

为了配合农产品标准化体系的建立和推广，促进社会主义新农村建设的健康发展，金盾出版社邀请农业生产和农业科技战线上的众多专家、学者，组编出版了《建设新农村农产品标准化生产丛书》。“丛书”技术涵盖面广，涉及粮、棉、油、肉、奶、蛋、果品、蔬菜、食用菌等农产品的标准化生产技术；内容表述深入浅出，语言通俗易懂，以便于广大农民也能阅读和使用；在编排上把农产品标准化生产与社会主义新农村建设巧妙地结合起来，以利农产品标准化生产技术在广大农村和广大农民群众中生根、开花、结果。

我相信该套“丛书”的出版发行，必将对农产品标准化生产技术的推广和社会主义新农村建设的健康发展发挥积极的指导作用。

王连铮

2006 年 9 月 25 日

注：王连铮教授是我国著名农业专家，曾任农业部常务副部长、中国农业科学院院长、中国科学技术协会副主席、中国农学会副会长、中国作物学会理事长等职。

目　录

第一章 滑菇标准化生产概述

滑菇又名光帽鳞伞、光帽黄伞，俗称珍珠菇，商品名滑子蘑、滑子菇。

滑菇味鲜可口，形体美观，表面附有一层黏液，食之润滑爽口，故得其名。滑菇不仅味道鲜美，而且营养丰富，据报道，滑菇子实体含粗蛋白质33.76%、可溶性碳水化合物38.89%，而且还含有多种维生素，富含氨基酸。而子实体的热水提取物——多糖体，对小白鼠肉瘤S-180的抑制率达90%，对艾氏腹水癌抑制率达70%。同时，可预防葡萄球菌、大肠杆菌、肺炎杆菌、结核杆菌的感染，是一种著名的药食两用菌。

滑菇人工栽培始于日本，1921年日本进行野生滑菇分离驯化栽培。1950年进行规模化段木栽培，1961年开始用木屑代料箱式栽培，而我国1970年开始试种，1977年才开始进行大面积人工栽培，主要分布在辽宁、吉林、黑龙江、北京、江苏、山西等地。2005年我国滑菇总产量超过20万吨，已跃居世界首位。

一、食用菌标准化生产与滑菇标准化生产的概念

近年来，随着食用菌产业的快速发展，食用菌业已成为继粮、棉、油、果、菜之后第六大出口创汇的农林产品。2006年我国食用菌产量已经超过1 300万吨，占世界总产量的70%

以上。2006 年 5 月，日本开始实施“肯定列表制度”，对我国的香菇、松茸等食用菌紧急设限，欧盟国家也纷纷效尤，这些“绿色壁垒”严重影响到食用菌企业的产品销量及出口量。因此，切实加强对食用菌产品安全生产意识，严格要求、规范操作，从源头抓起，积极推行食用菌标准化，具有十分迫切的行业战略意义，也是我国食用菌产业可持续发展的保障。

(一)食用菌标准化生产的概念

食用菌标准化属于农业标准化的范畴，是农业标准化的重要组成部分。食用菌标准化生产是指食用菌生产经营全过程的规范化，从产地→投入品→菌种→栽培→产品→收购→加工→包装→贮存→运输→营销等方面形成配套的标准体系。其中包括：食用菌产地环境的标准化；投入品的标准化；生产和加工过程的标准化；产品的标准化；产品包装、贮存、运输、营销的标准化。在标准化实施过程中，要以全面提高食用菌产品的质量和卫生安全水平为中心，通过健全体系，完善管理，强化自律，对食用菌从“菇棚到餐桌”全程质量安全进行有效的监督管理。

食用菌标准化的主要对象是微生物生命有机体，所以食用菌标准化不仅是人们有目的的活动，而且必须遵从食用菌自身特点。在农业生产中，特别是微生物生产，只能在特定生态环境中生长发育，才能表现品质优良，所以食用菌标准化必须因地制宜。由此食用菌标准化又包括食用菌国家标准、食用菌行业标准、食用菌地方标准、食用菌企业标准。国家标准、行业标准分为强制性标准和推荐性标准。保障人体健康，人身、财产安全的标准和法律、行政法规规定强制执行的标准是强制性标准，其他标准是推荐性标准。省、自治区、直辖市标准化主管部门制定的产品的安全卫生要求的地方标准，在本行政区域内是强制性标准。凡制定的企业标准都是强制性标准。

(二)滑菇标准化生产的概念

滑菇标准化生产是指利用统一、简化、协调、优化的标准化原则，对滑菇生产的产前、产中、产后全过程，通过制定和实施标准，从滑菇产地→投入品→菌种→栽培过程→产品→收购→加工→包装→贮存→运输→营销等方面形成配套的标准体系，从而取得良好的经济效益、社会效益和生态效益。目前我国尚无滑菇国家标准，但在吉林、辽宁、黑龙江、河北等地已有相关地方标准。

二、滑菇标准化生产的作用与实施方略

目前，我国滑菇生产较分散，栽培设施较简陋，科技含量较低，在加工流通过程中，包装运输等设施较落后，市场交易和运输方式处于初级状态，往往造成污染，这种生产方式很难保证质量和安全，滑菇产品仍然存在着药物残留及有害物质超标的潜在问题，无论内在品质还是安全卫生标准，都与国际市场的需求存有较大的差距。自我国参加世界贸易组织后，某些国家设置技术性贸易壁垒，对滑菇产品的质量安全标准提出更高的要求，国际贸易争端时有发生，贸易价格年年下跌。同时，我国与世界经济接轨，在国内实行农产品“市场准入制”，并加大监督管理力度，这就要求我们必须提高滑菇质量，保证安全卫生。

因此，我们要有实施标准化的紧迫感，应该深刻认识到实

施滑菇标准化生产是滑菇产业发展的必由之路。必须摆脱小农生产的观念，加快滑菇标准化建设，使我国滑菇生产走上以提高质量和安全水平为主的轨道，实现滑菇生产由粗放型、数量型向效益型、质量型转变。提高滑菇产品在国内外市场的竞争力，实施滑菇标准化生产是确保滑菇产业持续、健康、快速发展的战略举措。

(一)滑菇标准化生产的作用

主要有以下几点。

一是可以有效地实施科学管理。无标准的生产结果，其后果必然是盲目发展，没有标准的产品必然是规格不一、质量不同、价格差异很大，同样产品也因名称不同而使客商和消费者产生困惑，而且无标准的生产导致无法实施科学管理。实施标准后，大家共同遵守同一个条例，秩序井然，利于管理。

二是为组织现代化的滑菇生产创造重要的前提条件。现代的产业要求专业化生产，专业化生产离不开标准化的贯彻执行，只有在标准化基础上，才有可能组织现代化生产。

三是合理利用有限资源，节约大量劳动消耗。比如实行滑菇规格标准化后，全国只有一个标准，无论内销外销，统一准则，避免了过去那种规格不一、质量不同引起的“再加工”问题，节约了劳力和时间。

四是保证产品质量，提高应变能力。只要我们按照标准进行生产，保证了产品质量，则可使产品堂堂正正地进入市场，即使甲市场偶有不测，也完全可以去乙市场或丙市场，甚至在市场相对饱和时，可以居货待售，而不必担心卖不出去。

五是确保食品安全，维护消费者利益。随着生活水平的不断提高，人们对食品问题也越来越重视，过去那种“见滑菇就买”的消费观念，将随着食品卫生安全意识的提高逐步改变。

六是消除贸易障碍，提高竞争能力。尽管我国加入世界贸易组织后，贸易间已没有了过去那种明显的歧视性壁垒，随之而来的是，各国为保护其本国农业，大都提高了贸易的门槛，亦即“绿色壁垒”(又称“技术壁垒”)，过去由于我国缺乏相应的标准，使我国食用菌出口蒙受巨大损失。如果我们实施了标准化生产，产品在国际市场上的竞争能力自然提高，将不再成为出口的障碍。

(二)如何实施滑菇标准化生产

主要有以下几点。

一是加强滑菇生产环境的监测与保护，制定滑菇产地的环境标准，对产地环境进行定期监测。采取切实有效的生态环境净化措施，保证滑菇产地环境符合要求，从源头上把好滑菇的质量安全关。滑菇生产场地要选择无三废污染、农药污染的良好环境。

二是严格筛选滑菇生产投入品。首先，要制定滑菇生产投入品标准，规范滑菇生产投入品的应用范围、质量与使用方法。其次，要严格按照“NY 5099—2002 无公害食品食用菌栽培基质安全技术要求”行业标准，净化滑菇生产投入品的使用，防止有害、有毒原料废品混入培养基，保障培养基安全无害。

三是生产过程按标准管理，制定滑菇生产技术规程，使生产管理标准化。目前我国食用菌生产技术规程的国家标准和行业标准，除“食用菌菌种生产技术规程”、“食用菌品种选育技术规程”已经制定外，栽培过程的技术规程还未制定。各地各企业可根据当地气候条件，结合先进技术和成熟的经验，制定适合当地滑菇生产技术规程，以规范生产与管理，并在生产实践中不断完善。有些还可上升为地方标准、行业标准，甚至国家标准。

四是加工环节食品添加剂、包装物使用要规范。滑菇初加工品和保鲜菇，在生产加工过程，除注意环境卫生、加工过程卫生外，在使用各种保鲜剂、防腐剂、包装物时，要严格执行“食用菌卫生管理办法”、“GB 2760 食用菌添加剂使用卫生标准”和“GB 11680 食用菌包装用原纸卫生标准”等。贮藏运输过程，也应执行国家有关标准。

第二章　滑菇生物学特性

一、形态、分类及生活史

(一)形态及分类地位

滑菇学名 *Pholiota nameko*（Ito）Ito et Imai，在分类学地位上属真菌门，担子菌门，层菌纲，无隔担子菌亚纲，伞菌目，球盖菇科，鳞伞属。

滑菇子实体小至中等大，菌盖直径 3～8 厘米，半球形至扁球形，表面黄褐色，很黏，菌肉淡黄色至黄色近表皮下带红褐色，菌褶较密，直生。菌柄长 2～8 厘米，近柱形或向下渐粗，纤维质，菌环以上为白色至浅黄色，菌环以下同盖色，近光滑、黏。内部实心至空心，菌环膜质，生柄上部，黏性易脱落，孢子印锈褐色，孢子椭圆形、卵圆形，光滑，浅黄色。褶缘囊状体近棒状，无色。

(二)生 活 史

滑菇菌丝为绒毛状，初期为白色，随着生长而逐渐变为乳黄色。滑菇菌丝由担孢子萌发而来，滑菇的菌丝生长主要是细胞伸长和细胞数增加。菌丝先端的细胞伸长到一定长度时，经锁状联合后又产生新的先端细胞，如此反复不断地增加细胞数。

滑菇双核的气生菌丝，经扭结而组织化，形成近球形的原基，当原基在散射光条件下，生长至0.3毫米大时，则分化出布满黏液的褐色外层；当原基生长至直径1毫米时，即可分化出菌盖、菌柄、菌褶和菌幕；逐渐生长至3毫米大时，幼小菌盖里的担子开始进行减数分裂，此后子实体生长很快，随着菌幕的破裂，菌盖平展，子实体成熟而散发出孢子。

滑菇属单因子控制，二级性异宗配合的担子菌，生活史较其他担子菌复杂(图2-1)。据报道，滑菇除有正常的有性生活史外，还有以下5种无性繁殖方式。

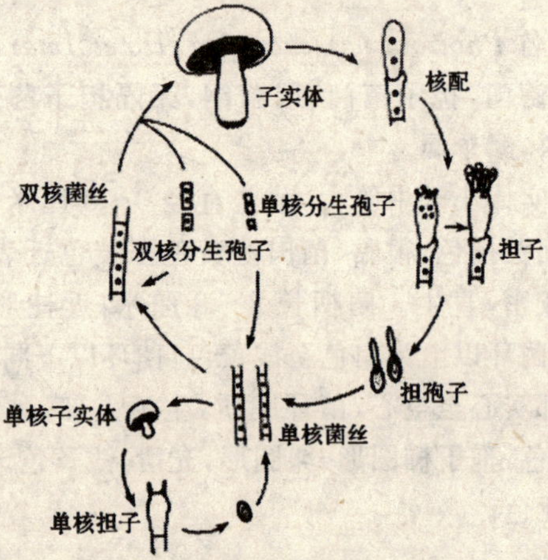

图2-1　滑菇生活史

一是单核菌丝形成分生孢子，孢子萌发后又形成单核菌丝。

二是单核菌丝形成单核子实体，这种子实体比较瘦小、质硬，但也能产生1～4个单核担孢子，担孢子萌发后又形成单核菌丝。

三是双核菌丝断离后形成单核分生孢子，分生孢子萌发后形成单核菌丝，单核菌丝经过质配后又形成双核菌丝。

四是双核菌丝产生双核的分生孢子，双核孢子萌发后又形成双核菌丝。

五是双核菌丝经脱双核化形成单核菌丝，单核菌丝经过质配又形成双核菌丝。

滑菇的生活史比较复杂，了解滑菇的有性生活史与无性生活史对在菌种选育及培养菌种方面具有重要意义。因此，在分离、选育、制种生产时，要选取菌丝生长最壮的部位进行转接、扩繁，切忌把细弱的单核菌丝扩大培养用于栽培，这样会给生产带来很大损失。

二、外界条件对生长发育的影响

栽培滑菇除了考虑其种性外，还必须认识外界条件对菌丝生长及子实体形成的影响。外界条件主要是营养、温度、水分、湿度、光照、空气和酸碱度等。

(一)营 养

滑菇属木材白腐菌，自然界中常发现于阔叶树的伐根、倒木及腐木上，滑菇赖以生存的营养，完全依靠其菌丝体从基质中吸取。在生长发育中需要足够的碳源、氮源、矿质元素及生长素等，人工栽培时多以硬杂木屑为主料，麦麸、米糠以及玉米粉为辅料栽培，营养生长阶段的最适碳氮比为 20∶1，生殖生长阶段的最适碳氮比为 35～40∶1。

1. 碳源 碳源是滑菇最重要的营养来源，它不仅是合成其他化合物的基本原料，同时又是重要的能量来源。滑菇所需要的碳源都来自有机物，如纤维素、半纤维素、木质素、淀粉、果胶、戊聚糖类等。在常见的碳源中，凡单糖、有机酸等小分子化合物，都可以直接为滑菇细胞所吸收；纤维素、半纤维素、木质素、果胶、淀粉等大分子化合物则不能直接被吸收，必须通过纤维素酶、半纤维素酶和木质素酶分解成阿拉伯糖、木糖、葡萄糖、半乳糖和果糖后，才能被吸收利用。

不同碳源对菌丝生长有明显不同的效果，菌丝生长的最适碳源是蔗糖，平均日生长速度为 1.61 毫米；其次为麦芽糖、葡萄糖、淀粉，平均日生长速度分别为 1.14 毫米、1.12 毫米、1.08 毫米；果糖对菌丝生长的效果最差，平均日生长速度为 0.71 毫米。综合考虑，多糖对菌丝生长的促进作用明显优于单糖。

2. 氮源 氮源是合成蛋白质和核酸所必不可少的主要原料。主要氮源有蛋白质、氨基酸、尿素、氨、铵盐、硝酸盐等。生产中常用的氮源为黄豆粉、酵母汁、蛋白胨、米糠和麸皮等。滑菇菌丝体能直接吸收分子量较小的氨基酸、尿素和胺类等小分子化合物。蛋白质是一类高分子化合物，不能直接被利用，必须经蛋白质酶分解成氨基酸后才能被吸收。不同种类的氮源对滑菇菌丝生长的影响差异很大，有机氮源明显优于无机氮源；酰胺类氨基酸（天门冬酰胺和谷氨酰胺）和短链氨基酸（甘氨酸、丝氨酸、丙氨酸）作氮源比芳香族氨基酸（苯丙氨酸、色氨酸）好，铵态氮优于硝态氮。滑菇菌丝生长最适宜的氮源是麦麸，平均日生长速度达 3.26 毫米(图 2-2)。

3. 矿质元素 滑菇所需的矿质元素可分为大量元素和微量元素两大类。大量元素所需量相对较多，如镁、磷、钾和钙；微量元素所需的量相对较少，如铁。

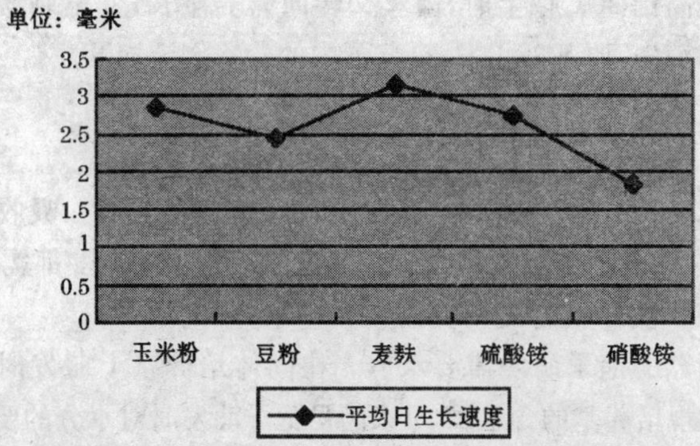

图 2-2　不同氮源对菌丝生长的影响

(二)温　度

滑菇属低温型，变温结实性菇类，菌丝生长的温度为4℃～32℃。菌丝生长阶段，最适温度为20℃～25℃，超过32℃菌丝停止生长，40℃以上菌丝很快死亡。在恒温处理条件下，菌丝在20℃～25℃时生长最快，平均日生长速度为2.47～2.63毫米；低于20℃和高于25℃都对菌丝生长产生了显著的抑制作用，在变温处理条件下菌丝生长速度明显加快，与恒温处理条件下生长速度的差异达到极显著水平。因此，菌丝生长的最适温度为20℃～25℃，变温刺激菌丝生长。

子实体生长温度为5℃～20℃，高于20℃子实体菌盖薄、菌柄细、易开伞，低于5℃子实体生长得非常缓慢，基本上不生长。因此，出菇阶段菇房温度一般调节在7℃～15℃比较好。当菌“吃”透培养料达到生理成熟时，给予10℃左右的低温刺激，昼夜温差在7℃～12℃，以促进其原基的形成。低温刺激的结果是可逆的，即低温刺激后已形成原基或开始形成时，如果温度提高到20℃以上时，菌丝又转向营养生长，低温刺激的效应也就消失，原基停止发育，菇蕾中的营养倒流而萎蔫。

(三)水分和湿度

水分不仅是滑菇的重要成分，也是它新陈代谢、吸收营养必不可少的基本物质。滑菇在生长发育的各阶段都需要水分。在子实体发育时期更需要大量水分。

滑菇的孢子萌发需要水分。在固体培养基上萌发时间稍长。常规培养基的含水量，可以满足孢子萌发时对水分的要求。

滑菇生长发育所需水分绝大部分都来自培养料，滑菇菌丝生长阶段培养料含水量以60%～65%为宜。水分过少，影响菌丝体对营养物质的吸收和利用，生活力降低；水分过多，导致透气性不良，氧气不足，使菌丝体的生长发育受到抑制，甚至可能窒息死亡。菌丝培养阶段空气相对湿度为60%～70%为宜，子实体生长阶段培养基中的含水量应增加，可达70%～73%，空气相对湿度要求在85%～95%。空气湿度过低会影响产量，但培养基表面积水又会导致烂菇，且容易孳生霉菌。因此，在菌蕾形成阶段，不要直接向基质喷水，可逐渐加大空气相对湿度。

(四)光　照

滑菇各个发育阶段对光照的要求不同。滑菇菌丝生长阶段一般不需要光线，直射光抑制菌丝的生长，而子实体分化阶段必须有一定的散射光，在完全黑暗的条件下，菌丝不能形成子实体。光对滑菇从营养生长转向生殖生长有促发作用，这可能与菌类生理转化的酶系光诱导或激活有关。出菇期具有300～800勒的散射光可促进子实体的形成。光线不足时，子实体发生量少，菌柄细长，菌盖薄，菇体小，色浅，品质差。

（五）空　气

滑菇属好气性真菌，菌丝体、子实体生长均需要大量的氧气。因此，滑菇栽培室中如果通风不良或培养料的通透性差时，就使得氧气不足而二氧化碳增多，菌丝体的呼吸受到抑制，从而影响菌丝体的正常生长发育，同时培养料也易感染杂菌。

二氧化碳对滑菇在不同生长阶段的影响不同。子实体比菌丝的呼吸强度大，因此对氧的需要量比营养生长阶段的需要量大。出菇时菇房要及时通风换气，否则环境中二氧化碳的浓度过高而导致出菇晚、菌柄长而粗，但菌盖小，形成畸形。菇房要经常通风换气，这是栽培中确保子实体正常发育的一项关键措施。同时，适当通风，还能调节空气相对湿度，防止病菌孳生。

（六）酸碱度

滑菇适宜在微酸性的环境中生活。菌丝体 pH 值在 4～7 范围内都能正常生长，pH 值以 5～6.5 为最适宜。生产中正常配制的培养料酸碱度基本上符合滑菇生育的要求，一般不需特殊调整。但是，在制作菌种和代料栽培配制培养基时，一定要将酸碱度调到 pH 值为 6，用缓冲物控制基质的 pH 值。碳酸钙是一种理想的缓冲物，它随着 pH 值下降，以释放二氧化碳来提高基质的 pH 值，从而维持一定的 pH 值。

上述各种条件并非孤立存在，它们相互影响，综合地对滑菇的生长发育起作用。因此，人们在栽培滑菇的过程中，应根据其生活习性，进行综合性的科学管理，以便获得高产优质的滑菇。

第三章 滑菇标准化生产基础设施

一、产地生态环境标准

直接影响滑菇质量的生产环境可以分为大环境和小环境。大环境也可以称为产地环境，是指滑菇生产的整个产地多年产生的大气、水文、土壤、气候等环境条件，往往是复杂的、栽培者难以掌控和改变的，只有通过选择适宜的产地来提高滑菇的质量。小环境也可以称为生产环境，是指生产过程中场所的环境卫生和质量状况，如地势、环境卫生、污染源、生长的生态小环境等，是可以被栽培户改变的，因此也是提高滑菇质量的关键可控制因素。

（一）产地环境标准

产地环境质量是影响滑菇品质的最关键因素之一，产地环境的不良很难通过栽培措施加以改变，因此选择滑菇生产产地尤为重要。如东北地区漫长的冬季大大降低了滑菇栽培中杂菌和病虫害的侵扰。冷凉的气候、广袤的东北黑土地和优越的自然环境为优质滑菇生长创造了得天独厚的条件，这也是近几年东北滑菇迅速发展的原因。

1. 空气质量标准 大气污染将直接影响滑菇产品质量。其中二氧化硫、粉尘污染影响较大。2001 年我国出口鲜香菇曾因亚硫酸盐超标被加拿大海关扣留，其原因至今未明。但就分析而言，控制滑菇产地二氧化硫污染和生产过程二氧化硫污染至关重要。优质安全滑菇生产要求产地环境空气质量符合以下标准(表 3-1)。

表 3-1　环境空气质量要求

项　　目	浓度限值	
	日平均	1 小时平均
总悬浮颗粒物(标准状态)(毫克/厘米³)	≤0.30	—
二氧化硫(标准状态)(毫克/厘米³)	≤0.15	≤0.50
二氧化氮(标准状态)(毫克/厘米³)	≤0.12	≤0.24
氟化物(标准状态)(微克/厘米³)	≤7	≤20

注:日平均指任何 1 日的平均浓度;1 小时平均指任何 1 小时的平均浓度

2. 水源水质标准　水是滑菇生产的必需,也是滑菇生理生长的必需,栽培基质用水、生长管理用水直接影响到滑菇的质量问题,滑菇生产严禁使用医药、生物制品、化学试剂、农药、石油炼制、焦化和有机化工等行业的废水(包括处理后的废水)。应当符合以下标准(表 3-2)。

表 3-2　水质量要求

项　　目	浓度限值
pH 值	≤5.5～7.5
总汞(毫克/升)	≤0.001
总镉(毫克/升)	≤0.005
总砷(毫克/升)	≤0.10
总铅(毫克/升)	≤0.10
总铜(毫克/升)	≤1.0
六价铬(毫克/升)	≤0.10
氯化物(毫克/升)	≤250
氰化物(毫克/升)	≤3.0
氟化物(毫克/升)	≤0.50
石油类(毫克/升)	≤10
粪大肠菌群数(个/升)	≤10000

(二)生产环境

1. 场所外环境 主要包括生产场地周围地势、卫生状况、污染源等。滑菇生产场地选择要求地势高燥，通风良好，排水畅通，交通便利。至少 30 米之内无禽畜舍，无垃圾粪便场，无污水和其他污染源，如大量扬尘的水泥厂、砖瓦厂、石灰厂、木材加工厂等。

2. 场所内环境 场所内环境主要指菌种生产场地，滑菇栽培场地小环境，应当包括摊晒场、原材料库、配料室、分装室、灭菌室、冷却室、接种室、培养室、贮存室、菌种检验室、出菇场等。

场所内环境一定要根据滑菇生物学特性，控制好温度、湿度、光线、通风四大要素，防止病虫害的孳生与蔓延，尽量不用药、少用药、按标准用药，以此保证滑菇的质量安全。厂房建造从结构和功能上满足滑菇菌种生产、滑菇栽培袋制作、培养的基本需要。

(1)摊晒场 要求平坦高燥，通风良好，光照充足，空旷宽阔，远离火源。

(2)原材料库 要求地势高燥，通风良好，防雨，远离火源。

(3)配料室、分装室 要求水电方便，空间充足。如安排在室外应有天棚防雨防晒。

(4)灭菌室 要求水电安全、方便，通风良好，空间充足，散热畅通。

(5)冷却室 要求洁净，防尘，易散热。

(6)接种室 要设缓冲间，防尘换气性能良好。内壁和屋顶光滑并经常清洗和消毒，做到空气洁净。

(7)培养室和贮存室　内壁和屋顶要光滑，以便于清洗和消毒。培养室和贮存室墙壁要加厚以利于控温。

(8)菌种检验室　要求水电方便，以利于装备相应的检验设备和仪器。

(9)出菇场地　要求水源充足，电源方便，通风，光照时间长，排灌方便。老场地要求翻耕暴晒，杀菌消毒。

(三)无菌环境

无菌环境不是自然存在的，而是人为创造的。一个便于掌控、相对稳定、便于操作、不易受干扰的场所，是滑菇生产最为关键的场所，无论是菌种制作，还是栽培袋制作都需要在无菌环境条件下进行。

1. 接种室　接种室一般有内外两间，外间较小，作为缓冲间。缓冲间可放置工作服、拖鞋、口罩、消毒用药品等。接种室门应采用推拉门，内间的门与外间的门应呈对角线设计安装，以提高隔离缓冲效果。必要时可安装一个双层小型玻璃推拉窗，以便于内外物品传递，减少进出接种室的次数。

为了在使用之后能排湿、通风，应在室内顶部设置小型排风扇，在室内的侧面底部设置玻璃纤维过滤进气口。

接种室(包括缓冲间)除照明用光源外，还应安装紫外线灯杀菌，吊装在接种操作台的正上方。

2. 超净工作台　超净工作台是一种局部层流(平行流)装置，它能在局部造成高洁净度的工作空间，使小房间内的空气经预过滤器和高效过滤器除尘、洁净后，以垂直或水平层流状态通过操作区，这样可使操作区保持既无尘又无菌的环境，通过过滤空气达到无菌操作的目的。用超净工作台接种，虽然操作方便，但由于接种量较少，且价格较贵，较适用于科研领域。

3. 接种箱 接种箱是用木材与玻璃制成的一种密闭箱。其规格有单人式和双人对接式。双人接种箱前后斜面为玻璃窗，便于操作时观察，并可开启，以便取放物品。玻璃窗下的木板有一对椭圆形开孔，操作孔装有白布袖套，一端固定在圆形孔上，另一端套口用松紧带箍住操作者的手腕，以防杂菌进入。箱内可安装 20 瓦日光灯和 30 瓦紫外线灯管。

4. 接种帐 菌种生产中采用接种箱接种，其密封性能差、空间小而操作不便；接种室空间太大，致使消毒难以彻底，染菌率高。为解决此类问题，采用“蚊帐”式塑料接种棚，效果很好（图 3-1）。

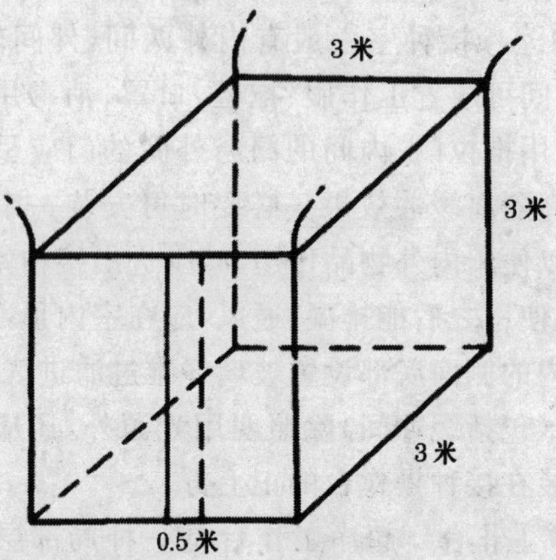

图 3-1 接种帐

“蚊帐”式塑料接种棚用 3 米宽的农用塑料薄膜制作。接种棚的规格长 3 米、宽 3 米、高 3 米。制作起来极为简便，先剪取 13.5 米长的塑料薄膜作为 3 米见方的接种棚围墙，另取

3 米长的薄膜作为“棚顶”。然后用塑料封口机或电烙铁将两块薄膜沿边封好，在棚的一侧留有一条掩合的交接线，作为接种棚的门，供接种人员进出和通风排湿用，在接种棚四个顶角各系一条绳子，便于吊挂。这样一个 3 米见方的类似蚊帐的塑料接种棚便制成了。

使用前先清理接种场地，再将接种棚吊挂起来，棚高 2.5 米，余 0.5 米折向棚内。然后将冷却的菌棒搬入棚内，沿棚壁堆放，将塑料棚折起部分压紧压实。棚中留一块空地，供放接种桌和工作人员走动。准备就绪后，关闭接种棚进行消毒。

二、生产设施标准

滑菇生产过程中，从菌种制作到栽培袋制作都要在特定的环境中进行，每一个生产步骤都需要特定的器材及设施，但在器材的选用和设施的选择上要灵活运用，不要机械照搬，应根据经济状况及现有条件，合理设计，尽量降低投入，提高工效节约劳力，才能真正地提高生产效率。

虽然滑菇生产中，所用器材种类较多，但它们通常可以分为通用器具、盛具、计量器具、灭菌器械、接种器械、培养器械等几种类型。在使用这些容器、设备时，必须要了解它们的基本用途，并学会它们的基本用法。例如，不能给容量瓶加热；必须用磨砂玻璃灯罩来熄灭正在燃烧的酒精灯；应该定期更换超净工作台的无菌滤膜等。详细操作可参考具体设备、容器的使用说明。

滑菇生产所用基本设备有磅秤、天平、高压灭菌锅或常压灭菌锅、超净工作台、接种箱、调温设备、除湿机、培养架、恒温箱、冰箱、显微镜等，生产规模较大的还应配备搅拌机、装瓶装袋机等。高压灭菌锅应使用符合高压锅 YY 1007—2005、YY 0504—2005 国家标准或经有关部门检验的安全合格产品。

配料、分装、灭菌、冷却、接种、培养等各环节的设施规模要配套。冷却室、接种室、培养室和贮存室都要有调温设施。

(一)灭菌设备标准

滑菇生产最主要的生产设备，就是灭菌设备，包括菌种生产所需高压灭菌锅和栽培袋制作所需常压灭菌锅 2 类，由于灭菌设备涉及高压、高温、粉尘等安全隐患，所以必须注重设备的标准。

1. 常压灭菌锅 俗称土蒸锅，是利用自然压力的蒸汽对培养料进行灭菌。目前，我国食用菌生产中运用的常压灭菌锅种类繁多，下面仅介绍一种常见的灭菌锅，见图 3-2。

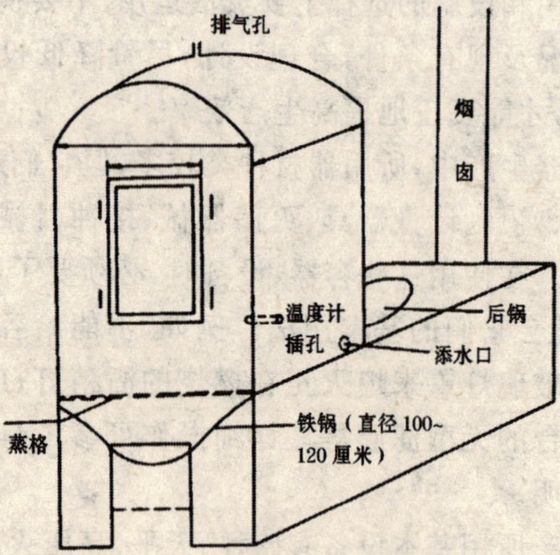

图 3-2 常压灭菌锅

2. 高压灭菌锅　对培养基、接种器材进行灭菌处理。几种常用高压蒸汽灭菌锅见图 3-3。

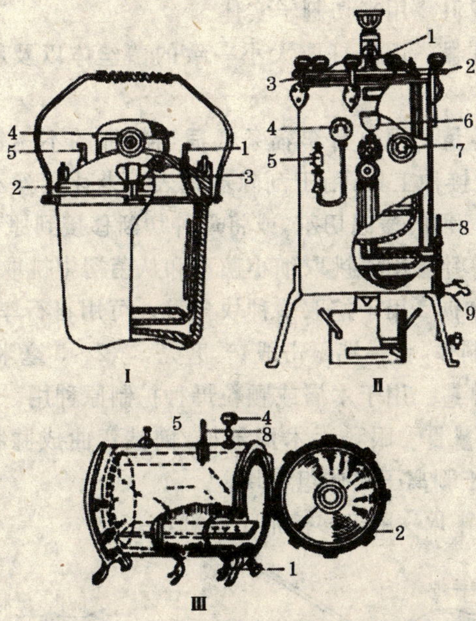

图 3-3　几种常用高压蒸汽灭菌锅

Ⅰ. 手提式　Ⅱ. 立式　Ⅲ. 卧式

1. 放气阀　2. 锅盖　3. 紧固螺栓　4. 压力表　5. 安全阀　6. 加水漏斗　7. 内锅消毒干燥阀　8. 温度表　9. 排水口

(二)接种器具

接种器具见图 3-4。

1. 钝头镊子　在接种操作时固定、移取子实体。

2. 尖头镊子　用来分离子实体。

3. 接种刀　用自行车辐条或适当粗细的不锈钢做成的

一种镰刀状、两边均留有刀刃的一种接种器具。主要用于斜面母种的纵向切割。

4. 解剖刀 用来切割子实体。

5. 打孔器 用来打取大小一致的菌丝体以及料袋的打孔接种。

6. 接种锄 用自行车辐条或适当粗细的不锈钢丝做成的一种锄状接种工具，用于刮除菌种表面老化菌丝和子实体原基，斜面母种的横向切割，或将母种切断移接到原种瓶内。

7. 接种针 用于挑取细小菌落和从菌褶中挑取孢子。

8. 接种钩 用于挖取菌种块接种。可用自行车辐条（或不锈钢丝）制作，将一端敲击成铲，磨光，弯 2～3 毫米成钩。

9. 接种匙 用于木屑或颗粒母种扩制原种用。

10. 膝腿镊 眼科手术用器械，前端弯曲成膝状。菌种分离时，用于剥离子实体组织块。

11. 接种环 用于移接孢子稀释液。

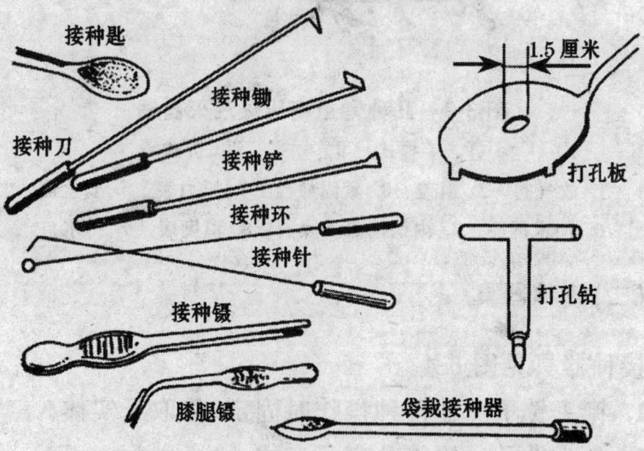

图 3-4 常用接种工具 （右为袋栽接种用）

(三)配套机械设备

1. 切片机 是将木材切成规格木片的专用机械,是培养基质粉碎处理的预前工序设备。常用的切片机有 XQ-600 型、MC-700 型,生产料片能力为每小时 1 500 千克(图 3-5)。

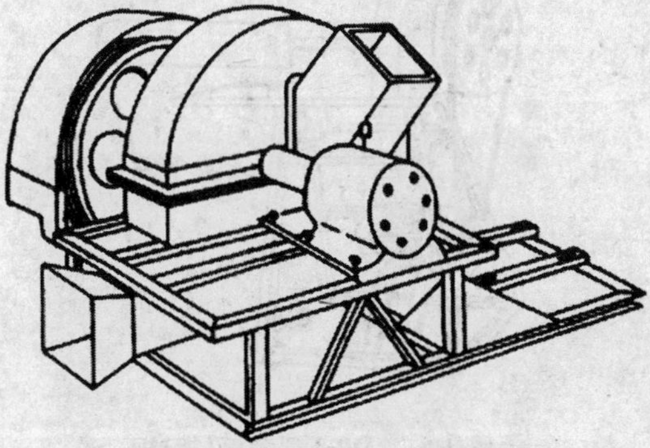

图 3-5 切片机

2. 粉碎机 是将木片、秸秆等原料粉碎成一定粗细度碎屑的专用机械,如闽农 9FT40 型粉碎机。

3. 过筛机 是用于清除木屑中的块、碎木等杂物的专用机械。其配套动力为 0.75 千瓦,每小时可筛选木屑 200 千克。

4. 搅拌机 是将培养料通过搅拌,使其分布均匀的专业机械。如螺旋式搅拌机,其配套动力为 3 千瓦,每次拌料量为 100 千克(湿重)。

5. 装袋机 是将搅拌混合均匀后的培养料装入菌袋内的机械。如 ZDP-3 型装筒(袋)机一般每小时可装 500 袋(图 3-6)。装瓶装袋两用机是将培养料装入料瓶或料袋的一种通用型机械。如 ZDP-3 型装瓶装袋两用机每小时约装 300 瓶（袋）。

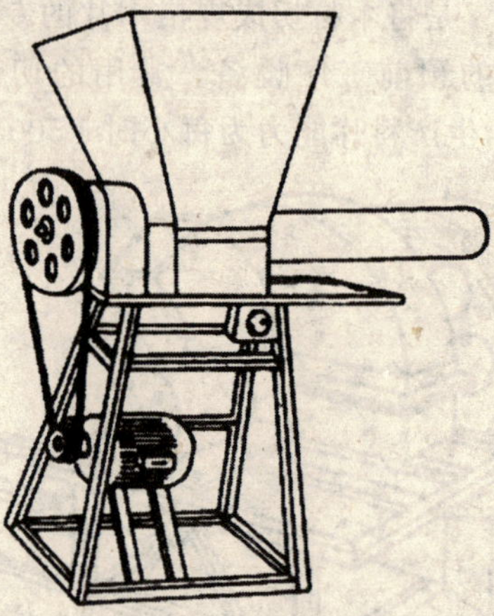

图 3-6　ZDP-3 型装筒(袋)机

第四章　滑菇菌种标准化制作工艺

滑菇生产要求菌种不仅具有高纯度的种性、旺盛的活性及适宜的菌龄，还必须具有适应当地条件的生物学性状及合适的容器、适宜的基质等。

菌种通常包含两个层面上的含义：即品种和菌种。滑菇品种一般指种性，即滑菇自身的生物学特性，一般包括对温度、湿度、酸碱度、光线和氧气的要求，抗逆性、丰产性、出菇迟早、出菇潮数、栽培周期、商品质量及栽培习性等农艺性状，具有遗传性、稳定性、均一性的特点，是任何菌种生产技术都不能改变的特性。人们通常所说的滑菇菌种一般是指人工培育的纯菌丝体、培养基及其培养容器的混合体，是可以通过提高菌种生产技术而改变的。因此，要获得优良的滑菇菌种，优良的品种和规范的菌种生产技术缺一不可。

滑菇菌种生产技术是否规范直接影响菌种的质量，从而影响滑菇产品的质量。中华人民共和国农业部发布实施的NY/T 528—2002食用菌菌种生产技术规程，为滑菇菌种生产提供了相应的依据。

一、滑菇菌种生产经营条件

国家农业部颁布的《食用菌菌种管理办法》2006年6月1日在全国实施。明确规定菌种生产的单位和个人，应当取得《食用菌菌种生产经营许可证》。

(一)母种和原种生产具备条件

注册资本母种100万元,原种50万元以上;省级农业主管部门考核合格的检验人员1名以上,生产技术人员2名以上;有相应的灭菌、接种、培养、贮存等设备和场所,有相应的物质检验仪器和设施。生产母种还应有出菇试验的设备和场所;生产环境卫生及其他条件符合农业部《食用菌菌种生产技术规程》要求。

(二)栽培种生产具备条件

注册资本10万元以上;省级主管部门考核合格的检验人员1名以上,生产技术人员1名以上;有必要的灭菌、接种、培养、贮存等设备和场所,有必要的质量检验仪器和设施;生产场地的环境卫生及其他条件符合农业部《食用菌菌种生产技术规程》要求。

违章处罚:凡从事菌种生产经营的单位和个人必须按照上述规定申请报批,否则视为无证生产经营,违反本规定的行为,依照《中华人民共和国种子法》的有关规定予以处罚。

二、滑菇菌种制作工艺

(一)菌种制作工艺流程

培养基(料)配制→分装→灭菌→冷却→接种→培养→检查→成品。

(二)培养基配制的标准操作规程

第一，培养基制作的任务是配制滑菇生产和试验用的各级菌种培养基。本岗位的所有人员一定要按计划要求及时完成任务。

第二，上班要打扫室内及环境卫生，保持清洁整齐，工作时要穿工作服。

第三，按所制培养基的配方、数量，领取当天所需原料、容器、材料等，领取的材料当天用不完时，送还保管室，不能随意乱放。

第四，按照规定的配方比例，称量要准确。特别注意水分，搅拌均匀后，立即分装，洗净瓶口内外，塞上棉塞，用纸帽封好、扎牢。

第五，装瓶完毕，交灭菌室验收，不合格者返工，质量合格者由灭菌工序负责人签字验收。填写验收单。验收单上的数量作为记工凭证。

第六，领用的搅拌机等工具要保管好，用后清洗干净。下班前清理工具，打扫干净场地，关闭窗户，落锁后方可离开。

(三)灭菌室的标准操作规程

第一，灭菌室的任务是将已配制好的瓶子或试管装的培养基进行灭菌。

第二，经常保持工作环境及设备的清洁卫生，上班要穿工作服。

第三，各类灭菌器停止使用的，要放完锅内存水，关闭阀门或电源。

第四，培养基装锅时，要轻拿轻放，摆平放稳。

第五，加热或送汽前，各部件有无松动或损坏，若发现故障，应及时维修；加热灭菌时，要检查锅内水位是否达到水位线，不足时不能加热。

第六，灭菌开始，气压上升到0.055兆帕时，要排除冷空气，待气压表回复到“0”位后，再关闭放气阀，使其慢慢进行，待上升到所需气压时开始记时(试管培养基0.142兆帕保持30分钟，原种和栽培种培养基0.142兆帕保持1.5～2小时)。

第七，灭菌时间达到后，关闭电源或停止送汽，使其压力缓慢下降，当气压表指针回“0”位后，才能打开锅门。

第八，灭菌的物品取出后，立即送入冷却室，不能在锅外停放。填写验收单，由接菌室签字验收。

第九，每次灭菌，都要记录装锅数量、灭菌起止时间、气压、成品数及损毁数，每天要小结。

第十，送来待灭菌的杂菌瓶子，要抓紧时间及时灭菌，不能在外面停放。灭菌后能重新接种的交接种室接种，不能接种的，立即取走扒掉。

第十一，下班前清理本班工作现场，洗刷工具，关窗落锁。

(四)接种室的标准操作规程

第一，接种室负责菌种的接种工作，要认真细致，严格进行无菌操作。

第二，搞好环境卫生及个人卫生，接种箱、接种工具要保持清洁，上班要穿工作服。

第三，收到待接种半成品后，要清点数量，检查质量及有无损坏，与验收单核对无误后，签字并及时接种。

第四，按生产所需量领取菌种，当天灭过菌的培养基，当天接完。

第五，操作前将料瓶（袋）有序地排放接种箱、室内，接种工具放在操作台上，衣、帽、口罩等悬挂在缓冲间衣物钩上，然后熏蒸消毒。培养基及菌种放入接种箱后，要用紫外线照射30分钟或喷洒化学消毒剂消毒，方能进行接种。

第六，接种前0.5小时，箱、室内喷雾消毒或紫外线灯照射消毒。然后换鞋、更衣、戴好口罩，最后以75%酒精擦手和接种工具，同时灼烧接种工具后进行接种。在接种过程中，管、瓶口不能离开酒精灯火焰上方的无菌区，动作要迅速，接种量要适当。

第七，操作过程中，不作交谈、咳嗽和搔痒等发尘量大的动作。不轻易中断操作和离开场所，否则需重新消毒。接完一支试管或一瓶，要及时塞好棉塞，接完一箱取出后，按要求用纸包好，写上接种时间及品系名称，交培养室验收。接种时不准将不同品系混放，标签要准确无误。如棉塞不慎着火燃烧，应用手紧握，让其缺氧熄灭，也可用湿布覆盖阻燃。

第八，接种完毕，要打扫卫生，清洗接种箱及工具，关闭门窗。

第九，每接一箱要进行一次熏蒸消毒，使用的药品为硫黄7～10克/米^3，或甲醛10毫升/米^{3}与高锰酸钾5克/米^{3}混合，或克霉王4～6克/米^{3}等。

第十，接种用过的母种试管及菌种瓶，当天要洗刷干净，交保管室验收，不能堆放在接种室内。

第十一，要同时建立岗位责任制，污染率不能超过2%，菌种污染后，经灭菌后扒掉，并将瓶洗净后交保管室。

（五）培养室的标准操作规程

第一，培养室负责培养菌种，保管菌种，发放菌种。

第二，接种后的菌种，首先要点清数量，检查有无破损，要归类摆放整齐牢稳，标明编号、类别。

第三，每批菌种，在发菌期间，一般要检查2～3次。第一次是接种后3～5天，第二次是接种后8～10天，发现污染杂菌的菌种应立即移出作灭菌处理。

第四，根据各类菌种和不同季节，保持培养室温湿恒定，必要时开窗通风，出入随手关门，严禁外人参观。

第五，菌种进入安全期后，填写验收单，成品计入卡片，并报记工员记工，会计入账。

第六，凭发票和领料单发放菌种，数量要准确，避免发错菌种。严格检查有无污染杂菌的菌种，生命力弱和质量低的菌种严禁出库。

第七，注意安全，下班前关闭门窗、电灯后方可离开。

(六)母种制作及使用过程中的注意事项

1. 母种转管扩接技术规程　母种转管扩接即把斜面菌丝移接至空白斜面上的方法。整个过程必须在无菌条件下进行无菌操作，其程序如下(图4-1)。

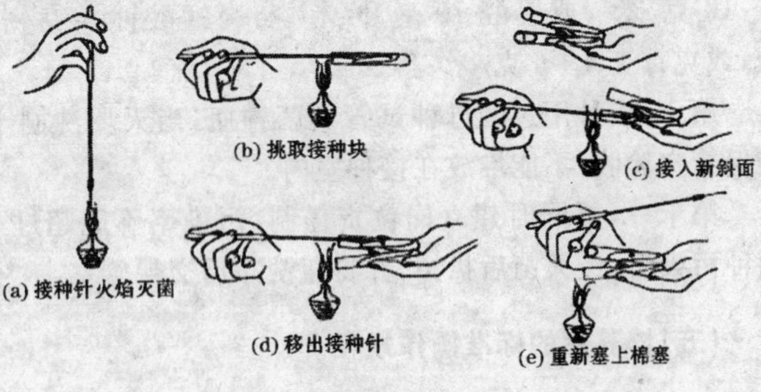

图4-1　母种扩制过程

第一，选取新鲜试管斜面菌株1支，在酒精灯火焰旁将棉塞顺时针旋转松动，而后右手小指和无名指基部夹紧棉塞轻轻拿起接种刀，垂直火焰上烧红并慢慢倾斜灼烧至接种时可能伸入试管内的刀柄部分，然后伸入试管内贴在管壁上冷却，从斜面底部往上部纵切一刀，以切破菌苔为度，取出接种刀放在接种工具架上，换取接种锄跟上述一样灼烧处理，将斜面种自底部往上横切若干刀。整个斜面种被分成许多方形小块（图 4-2），塞上原棉塞并把它放在左手掌心和食指之间。取马铃薯葡萄糖琼脂培养基（PDA）空白斜面 1 支，放在左手中指与无名指之间与斜面菌种试管靠紧，管口对齐，并旋松棉塞。

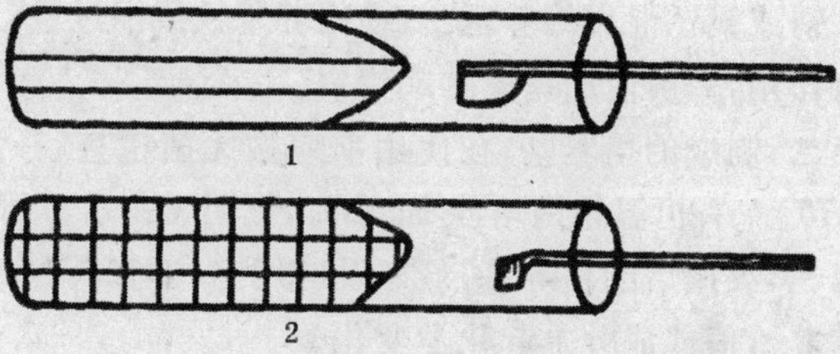

图 4-2　母种切割

1. 接种刀纵切　2. 接种锄横切

第二，右手拿接种铲或接种刀，如上述方法灼烧灭菌。

以下操作都要使试管口靠近火焰旁，并略向下倾斜。

第三，用右手无名指与小指基部夹住菌种试管棉塞，小指基部与手掌夹住空白斜面棉塞，轻轻拔下。

第四，将灼热后的接种刀伸入空白斜面管内贴住管壁冷却，然后取出移入菌种试管内挑取一小块稍带琼脂的菌苔，慢慢抽出，迅速伸进空白斜面试管内，并将菌盘安放在斜面中央。

第五，灼烧试管口，并在火焰旁将棉塞塞上。注意不要用试管去迎棉塞，以免运动时纳入带菌空气而染菌。

第六，将刀部再灼烧灭菌后放回架上，腾出手将塞塞紧放在一旁。然后重新取空白斜面放在左手菌种试管旁，如前述接第二支斜面，直至全部接种完毕。每支斜面种可接 30～50 支空白斜面。

第七，接种后在试管上贴上标签，注明名称、菌号、日期，或用记号笔将菌号、日期直接写在试管上，放入恒温箱内控制适温培养。

2. 注意事项

第一，制备或盛制培养基的器皿，不能使用铁锅或铜锅，以免铁锈或铜锈混入培养基中，使培养基铁或铜过量，从而引起毒害作用，一般使用搪瓷缸或铝锅。

第二，制成的培养基，在使用前应做无菌检查，一般将其置在 37℃左右恒温箱内培养 24 小时，证明无菌后方可使用。

第三，灭菌后的培养基，最好及时用完，不宜久存，以免降低其营养价值或成分上起化学变化。

第四，制备过程中，一定要严格遵守无菌操作规程，并标好标签，注明菌种名称（或编号）、接种日期和转管次数，尤其在同一时间接种几种不同的菌种时，要严防混杂。

第五，母种转管的次数不能过多，一般以 3～5 次为好，不能超过 8 次。否则，由于移植时所造成的机械损伤，以及培养条件的变化，会削弱菌丝活力，导致遗传性状变异，降低出菇率。因此，引进或育成的菌种在第一次转管时，可较多数量扩转，并以不同方法保藏，按计划使用。

第六，切勿使用无标记或判断不准的菌种，以防误用后造成损失。

第七，不要使用培养基已干缩或老化的母种，以免影响菌种成活率或导致生产性状退化。长期保藏的菌种,用前应放在恒温箱中活化培养,并逐步提高培养温度,活化培养时间一般为1～3天。如在冰箱中保存时间超过3个月,最好转管培养一次再用,以提高接种成功率和萌发速度。

第八,启用保藏的母种,应认真检查是否有污染现象。如斜面上呈现明显的黑色、绿色、黄色等菌落,则说明已遭霉菌污染;将斜面放在向光处,从培养基背面观察,如果在气生菌丝下面有黄褐色圆点或不规则斑块,说明已遭细菌污染;被污染的菌种绝不能用于扩大生产。

第九,接种块不萌发或不吃料的原因:菌种在0℃甚至以下保藏,菌丝已冻死或失去活力;菌龄过老,生活力衰弱;接种操作时,母种块被接种铲、酒精灯火焰烫死;母种块没有贴紧原种培养基,菌丝萌发后缺乏营养死亡;接种块太薄太小干燥而死;母种培养基过干,菌丝无法活化,或原种培养料偏干,菌丝无法吃料生长;培养料配比不当,或瓶(袋)内有氨气及其他不良气体,或酸碱度不宜;菌袋接种前冷却不彻底,或培养温度高等。

(七)原种、栽培种制作技术规程及注意事项

1. 原种制作技术规程 将灭菌后的料瓶趁热搬入接种室或接种箱内,除去棉塞外的包扎纸,用甲醛溶液或气雾剂等进行消毒杀菌,待料温下降至30℃以下即可接种。

原种的接种方法是:用酒精棉球揩擦双手、接种刀具和母种试管壁,左手拿取料瓶,虎口向下,右手将母种试管放在料瓶外侧用左手食指勾住,管口与瓶紧贴,对准火焰,除去母种试管棉塞放在接种台上,并旋松料瓶的棉塞,右手拿起接种刀,用小指和手掌取下料瓶棉塞,接种刀灼烧灭菌,伸入料瓶

内冷却，然后取出伸入母种试管内，挑取约蚕豆大带琼脂的菌盘，轻轻移接入料瓶内，塞回棉塞。接种刀经灼烧放回架上，再调换上料瓶，依次操作，直至料瓶全部接完，贴好标签，搬至适温下培养。当然，若双人对置操作速度快，效果更好。

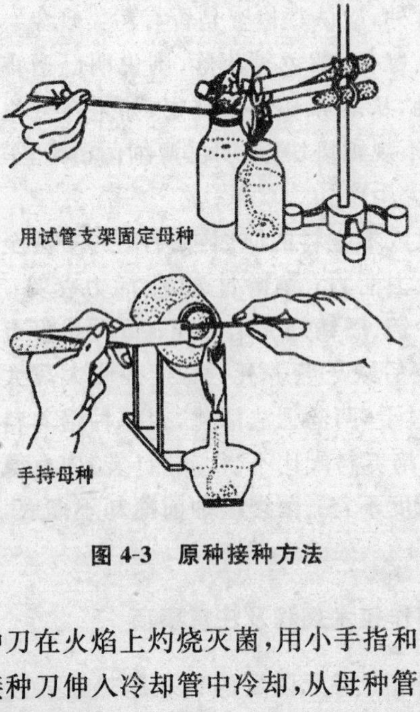

图 4-3　原种接种方法

若用铁架台进行原种制作，则操作更方便，无菌效果更好，接种速度也快。具体方法（图 4-3）是：将万能夹安装在铁架台的支架上，下夹固定母种，上夹固定冷却试管（事先用 1%琼脂每管装管长 1/5 量，灭菌制成斜面），两试管平行，管口对准火焰上。接种时，左手握原种料瓶，右手将棉塞旋松，然后持接种刀在火焰上灼烧灭菌，用小手指和手掌取下料瓶棉塞，并将接种刀伸入冷却管中冷却，从母种管取菌丝块接入料瓶内，塞回棉塞即可。

2. 栽培种制作技术规程　接种前料瓶的消毒处理与原种一样，严格在无菌条件下进行无菌操作。如果栽培种数量多，接种箱（室）一时周转困难，或出锅一时冷却不下来，可将料瓶先放进冷却室熏蒸冷却，而后再移入接种箱（室）内消毒。接种时可单一操作，也可双人操作。单人操作时应将原种挖松后置接种架上，瓶口对准火焰，用接种铲铲取 1 匙移接入料瓶内(图 4-4);双人对置操作时,1 人取、放料瓶和启闭棉塞,1 人专管铲接菌种,每瓶木屑麸糠原种可接 50～70 瓶栽培种。若为 750 克麦粒原种,也按照上面方法扩接,每瓶可接 100 瓶左右栽培种;如果采用 250 毫升盐水瓶制作的麦粒原种,可逐瓶倾倒接种,即接种前将料瓶紧密排放在接种室内多张台子上,旋松棉塞,熏蒸消毒,然后双手、种瓶用 75%酒精揩擦消毒,拔去棉塞,瓶口经火灼烧并以接种刀具捣松麦粒,左手打开棉塞,右手将种瓶口对准料瓶口,倾倒入少许麦粒种即可,一般每瓶可接 50～80 瓶。

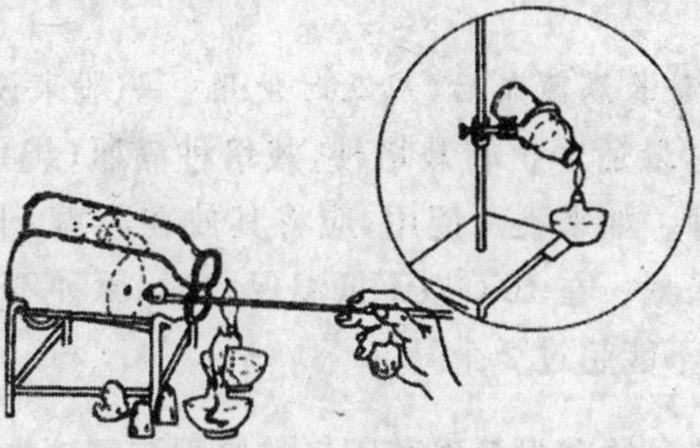

图 4-4　栽培种接种方法

3. 原种、栽培种制作的注意事项

(1)培养基含水量是否适宜　滑菇菌丝体的生长发育与培养基含水量有关,只有含水量适宜,菌丝生长才旺盛健壮,通常要求培养基含水量在 60%～65%,即手紧握培养料,以手指缝中有水外渗往下滴 1～2 滴为宜,没有水渗为过干,有水滴连续淌下为过湿,过干或过湿均会对菌丝生长不利。

(2)培养基的 pH 值是否适宜　一般滑菇正常生长发育需要一定范围的 pH 值,一般要求偏酸性,即 pH 值为 5.6～6.5 为宜,由于灭菌常使培养基的 pH 值下降 0.2～0.4,因此灭菌前的 pH 值应比指定的略高些。

(3)装好瓶(袋)的培养基应及时灭菌　培养基装完瓶(袋)后应立即灭菌，特别是在高温季节，严禁把培养基放置过夜，以免由于微生物的作用而导致培养基酸败，危害菌丝生长。

(4)严格检查所使用菌种的纯度和生活力　即检查菌种内或棉塞上有无霉菌及杂菌侵入所形成的拮抗线、湿斑，有明显杂菌侵染或有怀疑的菌种、培养基开始干缩或在瓶壁上有大量黄褐色分泌物的菌种、培养基内菌丝生长稀疏、大多是细线状菌索的菌种、没有标签的可疑菌种，均不能用于菌种生产。

(5)菌种长满菌瓶后，应及时使用　一般来说，原种满瓶后7～8天，最适于扩转栽培种，栽培种满瓶(袋)7～15天时最适于播种。如来不及使用，应将其放在凉爽、干燥、清洁的室内避光保藏。在10℃以下低温保藏时，原种不能超过3个月，栽培种不能超过2个月。

(八)接种物萌发及发菌不良的原因与解决办法

1. 接种物萌发不正常　主要表现为2种情况：一是不萌发或萌发缓慢；二是萌发出的菌丝体纤细无力，扩展缓慢。分析的思路应为：培养温度→培养基含水量→培养基原料质量→灭菌规程及效果→母种。对于接种物不萌发，或萌发缓慢，或扩展缓慢来说，这几个方面的因素必有其一，甚至可能是多种因素共同影响。

(1)培养温度过高　造成接种物不萌发、萌发迟缓、生长迟缓。

(2)含水量过低　尽管拌料时加水量充足，但由于拌料不均匀，造成培养基含水量的差异，含水量过低的菌种瓶(袋)接种物常干枯而死。发生这种情况，及早补入无菌水尚可挽救。

(3)培养基原料霉变　正处霉变期的原料中有大量有害物质，这些物质耐热性极强，在高温下不易分解变性，甚至在高压高温灭菌后仍保留其毒性，接种后菌种不萌发。

(4)灭菌不彻底　培养基内留有大量细菌，而不是真菌。培养基中残留和继续繁殖增加的细菌，多数情况下无肉眼可见的菌落，有时在含水量过大的瓶(袋)壁上，在培养基的颗粒间可见到灰白色的菌膜。这一原因可通过培养基的分离培养得到证实。

(5)母种菌龄过长　菌种生产者应使用菌龄适当的母种，多种滑菇母种使用最佳菌龄都在长满斜面后 1～5 天。在计划周密的情况下。母种和原种生产的紧密衔接是完全可行的。若母种长满斜面后 1 周内不能使用，要及早置于 4℃～6℃下保存。

2. 发菌不良　发菌不良的表现多种多样，常见的有生长缓慢；生长过快但菌丝纤细稀疏，生长不均匀，菌丝不饱满，色泽灰暗等。造成发菌不良的原因主要有如下几点。

(1)培养基酸碱度不适　可将发菌不良的菌种瓶(袋)的培养基挖出，用 pH 试纸测试。

(2)原料中混有毒害物质　如松、杉、柏、樟、桉等树种的木屑，原料有过霉变，有霉菌毒素。

(3)灭菌不彻底　培养基中生长有肉眼看不见的细菌等。

(4)装料松紧不妥当　装料过紧，水分过少，透气性过差。

(5)温度和湿度过高　培养室温度和湿度过高，空气流通交换不够。

(6)培养基含水量过大，装得过紧　这种情况下，往往长至瓶(袋)中下部后，菌丝生长变缓，甚至不再生长。

(九)杂菌污染的原因分析及综合控制

在正常情况下,原种、栽培种或栽培袋的污染率在10%以下,各个环节和操作规范的,常只有1%～5%。如果污染率超过10%,则应该认真查找原因并施以控制措施。

1. 灭菌不彻底

(1)*培养基的原料性质*　不同材料导热不同,微生物基数不同,灭菌所需时间也不同。因此,灭菌时要根据培养基的不同掌握灭菌时间。

从培养基原料的营养成分上说,糖、脂肪和蛋白质含量越高,传热性越差,对微生物有一定的保护作用,灭菌时间需相对延长。

从培养基的自然微生物基数上看,微生物基数越高,灭菌需时越长。

(2)*培养基的含水量和均匀度*　水的热传导性能较木屑、粪草、谷粒等的固体培养基要强得多,如果培养基配制时预湿均匀,吸透水,含水量适宜,灭菌过程中达到灭菌温度需时短,灭菌就容易彻底。

(3)*容器*　玻璃瓶较塑料袋热传导慢,在使用相同培养基、相同灭菌方法时,瓶装种灭菌时间要较塑料袋稍长。

(4)*灭菌方法*　相比较而言,高压蒸汽灭菌可用于各种培养基的灭菌,而常压灭菌对于灭菌难度较大的谷粒种达到完全灭菌效果就很不容易。目前技术发达的日本、美国等专业菌种场已采用超高温瞬时灭菌技术。高压蒸汽灭菌的关键是要排尽冷气。常压灭菌要注意在砌灶时锅体与灭菌室的相对位置要合理。锅小、锅口小、水少、蒸汽不足、火力不足,常是常压灭菌不彻底的主要原因。

(5)灭菌容量和堆放方式　以蒸汽锅炉送入蒸汽的高压灭菌锅，要注意锅炉汽化量与锅体容积相匹配，自带蒸汽发生器的高压蒸汽灭菌锅，以每次容量200～500瓶(750毫升)为宜。常压灭菌锅以每次容量不超过1 000瓶(750毫升)为宜，这样可使培养基升温快而均匀，培养基中自然微生物繁殖时间短，灭菌效果好。应随容量增大而延长灭菌时间。锅内被灭菌物品的堆放形式对灭菌效果影响显著，如以塑料袋为容器时，受热后变软，如装料不紧，叠压堆放，极易把升温前留有的间隙充满，不利于蒸汽的流通和升温，影响灭菌效果。塑料袋摆放时，应以叠放3～4层为度，不可过多叠压，锅大时要使用搁板或铁筐。

2. 封盖不严　主要出现在用罐头瓶作容器的菌种中，在用塑料袋作容器的折角处也时有发生。聚丙烯塑料经高温灭菌后比较脆，搬运过程中遇到摩擦，紧贴瓶口处或有折角处极易磨破造成污染。

3. 接种物带杂菌　如果接种物本身就已被污染，扩大到新的培养基上必然出现成批量的污染，如1支污染过的母种造成扩大的4～6瓶原种全部污染，1瓶污染过的原种造成扩大的30～50瓶栽培种的污染。这种污染的特点是杂菌从菌种块上长出，污染的杂菌种类比较一致，且出现早，接种后3～5天内就可用肉眼鉴别。

4. 设备设施过于简陋引起灭菌后无菌状态的改变　本来经灭菌的种瓶种袋已经达到了无菌状态，由于灭菌后的冷却和接种环境达不到高度洁净无菌，特别是简易菌种场和自制菌种的菇农，生产设备和生产环节分散，达不到流水线作业专场专用。又往往忽略场地的大环境卫生，忽视冷却场地的洁净度，从而使本已无菌的种瓶种袋在冷却过程中被污染。

在冷却过程中，随着温度的降低，瓶内、袋内气压降低，冷却室如果灰尘过多，杂菌孢子基数过大，杂菌孢子就很自然地落到了种瓶或种袋的表面，而且随其内外气压的动态平衡向瓶、袋内移动，当棉塞受潮后就更容易先在棉塞上定植，或等待接种操作时碰触沉落进入瓶内或袋内。同时瓶袋外附有较多的灰尘和杂菌孢子，也会成为接种操作污染的污染源。故提倡专业生产、规模生产、规范生产。

5. 接种操作污染 其发生特点是分散出现在接种口处，较接种物带菌和灭菌不彻底造成的污染发生稍晚，一般接种后 7 天左右出现。接种操作的污染源主要是接种室空气和种瓶种袋冷却中附在表面的杂菌，有的接种操作人员自身洁净度不良，也是很重要的污染源，违反接种操作规程等都是接种操作的污染原因。要避免或减少接种操作的污染须注意以下技术环节。

(1)不使棉塞打湿　灭菌摆放时，切勿使棉塞贴触锅壁。当棉塞向上摆放时，要用牛皮纸包扎。灭菌结束时，要自然冷却，不可强制冷却。当冷却至一定程度后再掀开锅门，让锅内的余热把棉塞上的水气蒸发。

(2)洁净冷却　规范化的菌种场，冷却室是高度无菌的，空气中不能有可见的尘土，灭菌后的种瓶、种袋不能直接放在有尘土的地面上冷却。冷却室使用紫外线灯和喷雾相结合进行空气消毒。

(3)接种室和接种箱使用前应严格消毒　接种室墙壁要光滑，地面要洁净，封闭要严密；接种箱要达到密闭条件。接种前 1 天先用 2%来苏儿溶液喷雾，再进行气雾消毒，将被接种物、菌种、工具等经处理后放入。接种前 30～50 分钟用气雾消毒法、臭氧发生器消毒等方法进行消毒。

(4)操作人员须在缓冲间穿戴专用衣帽　专用衣帽要定期洗涤,保持高度清洁。进入接种室前要认真洗手,操作前用消毒剂消毒双手。

(5)接种过程要严格按照无菌操作要求进行操作　尽量少走动,少搬动,不说话,尽量小动作、快动作,以减少空气震动和流动,减少污染。

(6)在火焰上方接种　实际上,无菌室内绝对无菌的空间只在酒精灯火焰周围很小的范围内。因此,接种操作,包括开盖、取种、接种、盖盖,都应在这个绝对无菌的小区内完成,不可偏离,接种人员要密切配合。

(7)拔出棉塞使缓劲　拔棉塞时,不可用力直线上拔,而应旋转式缓劲拔出,以避免造成瓶内负压,造成外界空气突然进入而带入杂菌。

(8)湿塞换干塞　灭菌前,可将一些备用棉塞用塑料袋包好,放入灭菌锅同菌袋(瓶)一同灭菌,当接种发现菌种瓶棉塞被蒸汽打湿时,换上备用新棉塞。

(9)接种前做好一切准备工作　一次接种不间断,一气呵成。

(10)少量多次　每次接种室消毒处理后接种量不宜过大,接种室以一次200瓶以内,接种箱以一次100瓶以内效果为佳。

(11)未经灭菌的物品切勿进入无菌的瓶内或袋内　接种操作时,接种钩、镊子等工具一旦触碰了非无菌物品,如试管外壁、种瓶外壁、操作台面等,不可再直接用来取种、接种,须重新进行火焰灼烧灭菌。掉在地上的棉塞、瓶盖切忌使用。

6. 培养环境不洁及高湿　发生特点是,接种后污染率很低,随着培养时间的延长,污染率逐渐增高。这种污染较大量发生在接种10天以后，甚至培养基表面都已长满菌丝后贴瓶壁处陆续出现污染菌落。

7. 综合控制措施

第一，从有信誉的科研、专业机构引进优良、可靠的原始种，做到来源清楚、性状明确、种质优良，先做好出菇试验，做到使用一代、试验一代、贮存一代。

第二，按照菌种生产各环节的要求，合理、科学地规划和设计厂区布局，配置专业设施、设备，提高专业化、标准化、规范化生产水平。

第三，严格按照菌种生产的工艺技术流程进行选料、配料、分装、灭菌、冷却、接种、培养和质量检测。

第四，严格挑选用于扩大生产的菌种，任何疑点都不可姑息，确保接种物的纯度。

第五，提高从业人员技术素质，规范操作；生产场地要定期清洁、消毒，保持大环境的整洁状态。

第六，专业菌种场要建立技术管理规章制度，确保技术的准确到位，保证生产。

（十）菌种保藏

1. 斜面菌种保藏的一般方法

第一，选择合适的培养基，一般要求含有较丰富的有机氮，而尽可能减少糖的含量（最多不超过2%），这样既能满足菌丝生长的需要，又要防止产酸过多，以保持菌种的优良性状。天然培养基比合成培养基更适用于菌种保藏，培养基最好能添加缓冲剂，如0.1%磷酸二氢钾和0.1%磷酸氢二钾等。

第二，保藏的菌种要移植在新配制琼脂斜面上，并在适温下培养至菌丝在整个斜面长满。入藏的菌种培养时间不可太长，以免降低菌种生活力和保藏时间。

第三，保藏期间切勿使棉塞受潮，并定期检查有无杂菌污染现象以及培养基是否失水干缩。

第四，菌种的试管口要用玻璃纸、塑料薄膜或防潮纸包扎，或用石蜡封闭，以防止培养基内水分过快蒸发。

第五，放在冰箱内的菌种不可过分拥挤，温度要控制在4℃左右，不宜过高或过低。温度过低，培养基结冰脱水，菌丝容易衰老死亡；温度过高，会加快代谢过程，达不到长期保藏的目的。

第六，规定时间定期将保藏菌种移植到新斜面上培养，一般为3～4个月，移植培养基应采用原来的培养基。

2. 继代培养保藏法　所谓继代培养，就是每隔一定时间将菌种移植到行之有效的培养基上保藏。这种方法的关键是选用适当的培养基和控制保藏温度。一般不取营养贫乏的合成培养基，而用营养丰富的天然培养基，如马铃薯葡萄糖琼脂培养基。为防止菌种在保藏过程中产生的酸积累过多，应在配制保藏培养基时添加少许缓冲盐，包括0.2%磷酸二氢钾和磷酸氢二钾或0.02%碳酸钙。马铃薯综合培养基也常用于菌种保藏，为防止培养基中水分蒸发过快，琼脂用量可增加到2.5%。保藏的菌种必须是发育健旺、培养成熟的。在4℃～6℃低温下保藏时，每隔3个月移植1次；如果放在20℃室温下保藏，每2个月移植1次。应避免在25℃以上高温下保藏菌种。日本用此法保藏香菇菌种，20多年未见退化现象。继代培养保藏法亦有其缺点，即需经常代接种，在代传时容易造成污染、发生差错，培养基使用不当会发生变异。因此，每一菌株至少要保藏相继的3代培养物，便于对照。此外，由于经常启用冰箱，玻璃管壁上易形成冷凝水，使菌丝倒伏，并招致霉菌污染。在菌种存放过密情况下，尤其要注意。

3. 矿油保藏法 矿油，又名液体石蜡或石油，为无色、透明黏稠液体。供保藏菌种用的矿油要用化学纯的矿油，可在化学试剂商店购买。使用前，需将一定数量的矿油分装于锥形烧瓶中，用棉塞封口，另配一套吸管，用纸包好，一起放在高压蒸汽灭菌锅内，在147千帕(1.5千克/厘米^2)压力下灭菌30分钟。然后，将锥形烧瓶放在40℃电热烘箱内，使混在矿油内的水分蒸发，至完全透明为止，或置干燥器内数日以除去水分。使用前，最好作无菌检查。在工作量较大的情况下，用吸管将矿油移入试管中，少量菌种则可用无菌吸管吸取。注入试管的矿油，以高出斜面尖端1厘米左右为度(图4-5)。如斜面上端未封严而露在外面，培养基内的水分会从此处蒸发掉。为了节省矿油，矿油保藏菌种的斜面不宜过大。菌种应竖放在试管架上保存，可以放在4℃～6℃冰箱内，也可放在15℃～36℃室温保存。一般认为在室温下保存比冰箱更好。保藏菌种启用时，不要倒去矿油，可直接用接种铲在斜面上挑取菌种，原种仍可蜡封保存。从矿油移菌种时，因沾有多量矿油，恢复较慢，长势也较弱，因此需经移植1次，方能恢复正常。矿油保藏菌种，一般存活期为5～7年，有的可达10年以上，但以1～2年移植1次为好。其缺点是菌种必须垂直放置，不太方

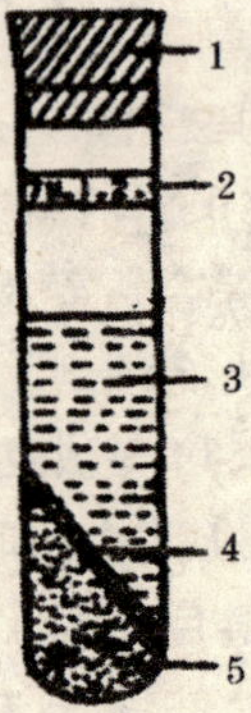

图4-5 矿油保藏法

1. 橡皮塞 2. 标签 3. 矿油 4. 苔菌 5. 琼脂斜面

便，棉塞容易受污染。因此，长期保存时，最好改用橡皮塞或用石蜡封口。

4. 白胶塞封口保藏法 选择与试管口径相符的白胶塞，用0.2%来苏儿溶液洗涤，浸泡在95%乙醇内保存。当斜面菌丝长满后，在无菌条件下拔去棉塞，取出白胶塞，通过火焰，迅速塞入试管口内，并用石蜡熔封，以防止空气进入，达到与矿油封藏相似的效果。用此法保藏菌种虽然可存活3～4年，但以每年移植1次为好。白胶塞可到医药器械商店购买。

(十一)菌种复壮

菌种退化现象，是滑菇生产中普遍存在而又最容易被人忽视的现象。是指菌种突然或逐渐丧失原有的生命力和生产性能的现象。主要表现为：菌丝生长速度减缓，在培养基上出现白色、浓密的扇形菌落，对不良的外界条件(如温度、酸碱度、二氧化碳、杂菌等)的抵抗力变弱，子实体的形成期提前或推迟，出菇潮次不分明，产量明显下降，品质变劣等。菌种复壮是使生活力和丰产性能降低的菌种，恢复或提高到原有健壮程度。菌种复壮常用的方法有以下5种。

1. 纯菌种分离 要有计划地把无性繁殖和有性繁殖的方法交替使用，最好每年进行1次组织分离，3年进行1次有性繁殖。新分离的菌种，必须经过试验，性能符合要求后，方能用于生产。

2. 更换培养基 在菌种的培养、保藏、继代过程中，每隔一个时期，注意改变培养基成分(改变、调整、增加某种碳源、氮源或矿质元素等)，或在原有的培养基中添加酵母膏、麦芽汁、氨基酸类物质和维生素等，或采用麦粒、谷粒、玉米粒等颗粒菌种，以刺激菌丝生长，提高菌种活力。

3. 适当添加维生素　在高温的夏季，培养母种时，在琼脂培养基中加入适量维生素 E 或 B 族维生素，可延缓细胞衰老，而且产量还有增加的趋势。

4. 尖端菌丝切取复壮　菌丝体的生长点位于菌丝的尖端，取菌丝的尖端旺盛生长点，进行分离培养，以得到优良的菌种。

5. 原基复壮分离法　原基分离能保持母本性状。由于原基形成的物质条件更优越化，因而更易筛选到优良菌株。如用灭菌的尖头镊子在无菌条件下镊取原基，接入斜面培养基中，恒温培养 10～14 天。选取菌丝浓密、气生菌丝旺盛的斜面种再转管，生长性状稳定的即为复壮后的分离种。

三、滑菇菌种标准

滑菇菌种目前尚无国家标准，参照其他食用菌菌种国家标准，滑菇菌种采用三级扩大繁育程序，即一级种（母种）、二级种（原种）、三级种（栽培种）培育滑菇菌种。

一级种是经各种方法选育得到的具有结实性的菌丝体纯培养物及其继代培养物，以玻璃试管为培养容器和使用单位，也称母种试管种。

二级种是由母种移植、扩大培养而成的丝体纯培养物，常以玻璃菌种瓶或 15 厘米×28 厘米聚丙烯塑料袋为容器，也称原种。

三级种是由原种移植、扩大培养而成的菌丝体纯培养物，常以玻璃瓶或塑料袋为容器。三级种只能用于栽培，不可再次扩大繁殖菌种，也称栽培种。

(一)母　种

1. 母种常用培养基配方

(1)马铃薯葡萄糖琼脂培养基　马铃薯200克(用浸出汁),葡萄糖20克,琼脂20克,水1000毫升,pH值自然。

(2)综合马铃薯葡萄糖琼脂培养基(CPDA培养基)　马铃薯200克(用浸出汁),葡萄糖20克,磷酸二氢钾2克,硫酸镁0.5克,琼脂20克,水1000毫升,pH值自然。

(3)木屑浸出汁马铃薯葡萄糖培养基　马铃薯200克(用浸出汁),阔叶树木屑50克(用浸出汁),葡萄糖20克,琼脂20克,水1000毫升,pH值自然。

2. 母种感官标准　见表4-1。

表4-1　母种感官标准

项　目	要　求
容　器	完整、无破损、无裂纹
棉塞或无棉塑料盖	干燥、洁净、松紧适度、能满足透气和滤菌作用
培养基灌入量	为试管总容积的1/5～1/4
斜面长度	顶端距棉塞40毫米
菌丝生长量	长满斜面
接种量(接种块大小)	3～5毫米×3～5毫米
菌种正面外观	洁白(1个月以上菌龄的有黄色分泌物)、粗壮、浓密、平贴培养基生长、均匀、平整、无角度,菌落边缘整齐,无杂菌菌落
斜面背面外观	培养基不干缩,有菌丝体分泌的黄褐色色素于培养基中
气　味	有滑菇菌种特有的清香味,无酸、臭、霉等异味

3. 母种培养特性要求

(1)菌丝生长速度　在马铃薯葡萄糖琼脂培养基上，在适温(26℃±2℃)下，菌丝10～15天长满斜面。

(2)母种栽培性状　供种单位所供母种需经栽培试验确证种性中农艺性状合格后，方可用于扩大繁殖或出售。

(二)原种和栽培种

1. 原种和栽培种感官标准　见表4-2。

表4-2　原种和栽培种感官标准

项　目	要　求
容　器	完整、无破损、无裂纹
棉塞或无棉塑料盖	干燥、洁净、松紧适度、能满足透气和滤菌作用
培养基上表面距瓶(袋)口的距离	50毫米±50毫米
菌丝生长量	长满容器
接种量(每支母种接原种数，每瓶原种接栽培种数，接种物大小)	母种接原种数4～6瓶(袋)，≥12毫米×15毫米，每瓶原种接栽培种数，40～50瓶(袋)
菌种正面外观	洁白(1个月以上菌龄的有黄色分泌物)、粗壮、浓密、平贴培养基生长、均匀、平整、无角度，菌落边缘整齐，无杂菌菌落
子实体原基	不允许有原基出现
气　味	有滑菇菌种特有的清香味，无酸、臭、霉等异味
菌丝体特征	白色至米黄色，细羊毛状，生长旺健，菌落边缘整齐
培养基及菌丝体	培养基变色均匀，菌种紧贴瓶壁，无干缩
拮抗现象及角变	无
菌丝分泌物	允许有少量无色至棕黄色水珠
杂菌菌落	无

2. 原种和栽培种常用培养基及其配方

(1)木屑培养基　阔叶树木屑78%,麦麸20%,糖1%,石膏1%,含水量58%±2%。

(2)木屑棉籽壳培养基　阔叶树木屑63%,棉籽壳15%,麦麸20%,糖1%,石膏1%,含水量58%±2%。

(3)棉籽壳培养基　棉籽壳79%,麦麸20%,石膏1%,含水量58%±2%。

(4)谷粒菌种培养基　高粱(或玉米、小麦等)84%,麦麸15%,石膏1%,含水量58%±2%。

3. 原种和栽培种培养特性要求

(1)菌丝生长速度　原种在适宜培养基上,在适温(26℃±2℃)下,30～35天长满容器。栽培种在适宜培养基上,在适温(26℃±2℃)下,一般25～30天长满容器。

(2)原种和栽培种栽培性状　供种单位所供原种和栽培种需经栽培试验确证种性中农艺性状合格后,方可用于扩大繁殖或出售。

(三) 标签、标志、包装、运输

1. 产品标签　每支、瓶(袋)菌种贴有清晰注明以下要素的标签:①产品名称(如:滑菇母种);②品种名称(如:吉农9168);③生产单位(如:××菌种厂);④接种日期(如:2007.××.××);⑤执行标准。

2. 包装标签　每箱菌种需贴有清晰注明以下要素的包装标签:①产品名称、品种名称;②厂名、厂址、联系电话;③出厂日期;④保藏期、贮存条件;⑤数量;⑥执行标准。

3. 包装贮运图示标志　按GB/T 191规定,应有以下图示标志:①小心轻放标志;②防水、防潮、防冻标志;③防晒、防高温标志；④防止倒置标志；⑤防止重压标志。

4. 包装 母种外包装采用木盒或有足够强度的瓦楞纸箱，内部用棉花、碎纸等具有缓冲作用的轻质材料填满。

原种、栽培种外包装采用足够强度的瓦楞纸箱，每箱 20 瓶，内部用碎纸、报纸等具有缓冲作用的轻质材料填满。纸箱上部和底部用 8 厘米宽的胶带封口，并用打包带捆扎 2 道，箱内附产品合格证书和使用说明（包括菌种种性、培养基配方及适用范围）。

5. 运　输

第一，不得与有毒物品混装。

第二，气温达 30℃ 以上时，需用 0℃～20℃ 的冷藏车（船）。

第三，运输中必须有防震、防晒、防雨淋、防冻、防杂菌污染的措施。

6. 贮　存

第一，母种一般在 4℃～6℃ 冰箱中贮存，贮存期不超过 3 个月。

第二，原种一般在 0℃～10℃ 冷库中贮存，贮存期不超过 40 天。

第三，栽培种应尽快使用，14 天内可在温度不超过 26℃，清洁、通风、干燥（相对湿度 50%～70%）、避光的室内松散存放。

第五章　滑菇标准化栽培技术

我国滑菇栽培方式很多，大致可分为段木栽培和代料栽培，代料栽培又可分为瓶式栽培、袋式栽培、箱栽、地栽、盘栽等。本书主要介绍目前栽培应用面积较广，可操作性强的盘栽技术和袋栽技术。

一、品种选择

滑菇按子实体发生温度的不同可划分为：低温型，出菇温度5℃～10℃；中温型，出菇温度7℃～12℃；高温型，出菇温度7℃～20℃。日本对滑菇品种的划分为：极早生种，出菇适温7℃～20℃；早生种，出菇适温5℃～15℃；中生种，出菇适温7℃～12℃；晚生种，出菇适温5℃～10℃。早生种，菇体较小，色泽淡，出菇较早，在我国东北地区一般9月初开始出菇，10月初为出菇盛期；中生种，菇体较大，色泽较深，一般9月下旬至10月中旬是出菇盛期；晚生种，菇体特征与中生种相似，但出菇时间较晚，一般10月上旬开始出菇，10月末至11月初是出菇旺期。生产者应根据生产方式和目的来选用品种，供外贸出口的最好选用子实体紧凑、成熟期较集中的品种；加工罐头应按工厂要求选用品种，鲜销应选子实体大、产期较分散的品种；在一个菇场内，为避免出菇过于集中，可采取不同成熟期的品种进行搭配。

二、栽培季节

自然条件栽培时，滑菇栽培季节应根据各地的气候条件，栽培形式及滑菇类型品种不同而定，一般选择低温季节接菌、高温季节发菌、低温季节出菇的栽培方式，因此多采用春季接菌、秋季出菇的季节安排。以吉林省长春市为例，播种期一般在 2 月下旬至 4 月上旬，此时低温接菌易控制杂菌污染，提高接种成功率，而且正值农闲不与农忙时争劳力。接种后气温升高，菌丝在 4℃～8℃生长繁殖，外界气温升高到 10℃以上时，菌丝已基本封面，抑制了杂菌的污染，5～8 月份进行养菌，9～11 月份出菇。

三、培养基配方

尽管可以栽培滑菇的基质种类繁多，但在产量和品质上有着很大的差异。口感、风味、色泽、质地均有变化。代料栽培时，除桉、樟、槐、苦楝等含有害物质树种外的阔叶树木屑；自然堆积 6 个月以上的针叶树种的木屑；稻草、麦秸、玉米芯、玉米秸、高粱秸、棉籽壳、废棉、棉秸、豆秸、花生秸、花生壳、甘蔗渣等农作物秸秆皮壳；糠醛渣、酒糟、醋糟。要求新鲜、洁净、干燥、无虫、无霉、无异味。

现介绍如下配方以供选择。

配方一 木屑 87%，米糠 10%，玉米粉 2%，石膏 1%。

配方二 木屑 90%，麦麸 8%，玉米粉 2%。

配方三 木屑 85%，麦麸 10%，玉米面 2%，豆饼粉 2%，石膏 1%。

配方四 木屑50%,玉米芯或豆秸30%,稻糠15%,玉米粉2%,豆饼粉2%,石膏1%。

配方五 木屑45%,豆秸45%,麦麸10%。

配方六 玉米芯80%,米糠19%,石膏1%。

配方七 棉籽壳95%,麦麸4%,石膏1%。

以上配方含水量均为60%~65%,pH值自然,在生产实践中应注意以下问题。

一是为提高产量而加大麦麸或米糠用量,结果不但没有增产,反而易使菌块污染而导致减产。

二是为方便发菌快,拌料"宁干勿湿",结果因料内缺水而后期产菇困难。

三是培养料含水量超过65%,造成缺氧环境而发菌困难,孳生杂菌,培养料变酸。

四是严禁使用有毒、有害、受过污染的原料。

按照《中华人民共和国农药管理条例》,剧毒和高毒农药不得在蔬菜生产中使用,滑菇作为蔬菜一类也应完全参照执行。不得在培养基质中加入的高毒农药有:三九一一、苏化203、一六O五、甲基一六O五、一O五九、杀螟威、久效磷、磷胺、甲胺磷、异丙磷、三硫磷、氧化乐果、磷化锌、磷化铝、氰化物、呋喃丹、氟乙酰胺、砒霜、杀虫脒、西力生、赛力散、溃疡净、氯化苦、五氯酚钠、二氯溴丙烷、四O一等。

不得使用含有植物生长调节剂或成分不清的混合型基质添加剂。

四、滑菇盘栽技术标准

盘式栽培滑菇为我国所创,目前仍然有很多菇农采用,是目前我国滑菇产区的主要栽培模式之一。

(一)工艺流程

托盘制作→配料→拌料→灭菌→出锅装盘→冷却接种→室外堆放→菌盘上架→提膜换气→通风降温→菌盘开膜→降温出菇→采收。

(二)生产准备

1. 场地的选择 场地应设在交通方便、靠近水源、地势平坦、通风良好、环境卫生(无工业、畜、禽粪便污染)、有较大的日夜温差。

2. 简易菇棚的搭建 以一次摆放 10 000 盘的菇棚为例:宽 7 米,长 20 米。内设宽 1.2 米,长 18 米,高 1.75 米的床架 3 排,每排 5 层,层距 35 厘米,两排之间及四周留 0.8～1 米的作业道。棚顶高 2.8 米,两侧高 2 米。培养架可采用松木杆或竹竿分层搭设,要结实牢固,以防倒塌。

棚顶及四周扣农膜,另盖草帘遮荫,棚两头对着过道开门。棚两侧交错开通风窗,棚顶每隔 5 米设一通风口。栽培滑菇的菇棚必须干净,无污物,不怕淋水,结构合理,门较多,便于通风换气,调节湿度。可根据各自的实际情况栽培规模大小,因地制宜,改造或建造菇棚。

3. 简易圆柱形常压灭菌灶制作 盘栽滑菇灭菌锅,通常使用简易圆柱形常压灭菌灶,制作方法:用 4 个废旧汽油桶切割压平后,焊接成高 1.5 米、直径 1.5 米的简易蒸锅。

4. 托盘及模具制作 制作托盘的材料应因地制宜,玉米秸、葵花秆、高粱秸、废木板等均可用于制作托盘,规格采用 35 厘米×60 厘米为宜,具体做法是:先把玉米秸等按规格截取一定长度,在玉米秸上相距 30 厘米穿 2 个孔,用 2 根坚硬的枝条穿插固定,一个托盘需要 7～8 段玉米秸。滑菇盘栽所用的秸秆托盘和木板托盘参见图 5-1。

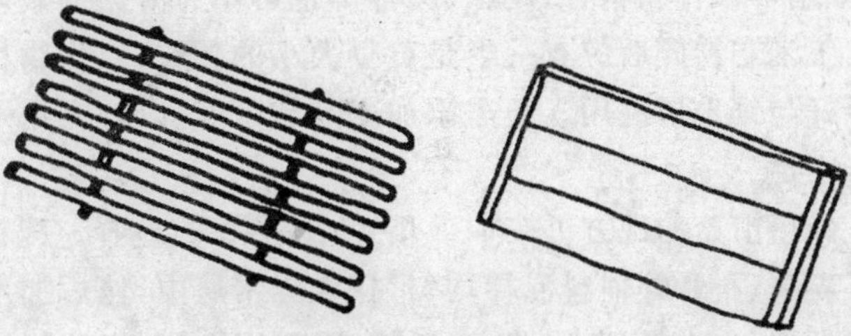

图 5-1　托　盘

在制作托盘时应注意,无论用哪种材料,做成的托盘均要求光滑无刺,以免扎破塑料膜,造成污染。

木框模具规格见图 5-2a：55 厘米×35 厘米×8 厘米；刮板规格见图 5-2b：25 厘米×12 厘米；塑料包膜规格：105 厘米×100 厘米×0.003 厘米。

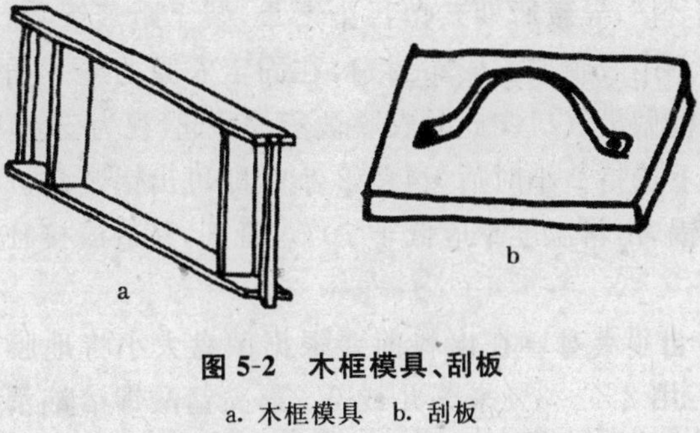

a　　b

图 5-2　木框模具、刮板

a. 木框模具　b. 刮板

(三)培养料的配制与灭菌

1. 培养料的选择　锯木屑以阔叶树为主,最好露天堆积半年以上的陈旧锯木屑，因为经过自然堆积发酵，又经风吹雨淋，可以去掉或减少树脂类物质和挥发性油类，以及不利于菌丝生长的物质，陈锯木屑含水量也较稳定。除锯木屑外，玉米芯、豆秸等农作物秸秆、废纸、废棉等也可作为滑菇的栽培原料。玉米芯粉碎后应有一半是黄豆大小的颗粒，农作物秸秆粉最好与锯木屑混用。还需添加麦麸和米糠，以补充锯木屑营养不足。

栽培滑菇的配方可按本章开头所提供配方选择。配料时先将麦麸、石膏等辅料混拌均匀，拌入锯木屑中，然后加水再反复翻拌，含水量65％，经验判断：用手用力握，指缝间有水渗出，但不下滴为宜。

2. 灭菌 滑菇盘栽时培养料灭菌方法，不同于其他灭菌方法，常压蒸料锅灭菌操作方法如下：烧开水后，先在蒸帘上铺10厘米厚干料，干料上有热汽冒出时撒湿料，在整个装锅蒸料过程中，为达到灭菌效果，必须严格按照“见汽撒料”的原则，哪里冒汽往哪撒料，少撒勤撒，严禁一次快速倒入屉内，造成“夹生料”，导致后期杂菌污染严重，装至距蒸锅上口20厘米即可。用农膜或五彩布封口，在固定农膜的绳下插入3厘米的木棍做出气口。此时农膜被蒸汽顶起，视为已上大气，在此状态下保持2小时后，再闷2小时即可出锅装袋。一定要趁热出锅，出料温度不应低于70℃，否则，易造成接种后污染现象。

3. 出锅装盘 在出料前要根据菌盘大小将地膜分割成块，然后用2％～3％来苏儿或0.2％高锰酸钾溶液消毒。出料前30分钟，对出料室、所用工具、玉米秸托菌帘及操作人员的衣服用配好的2％～3％来苏儿溶液进行喷雾消毒。

消毒后即可出料。出料装盘一般需4～6人操作，1人出料，用锹从锅内挖出蒸过的培养料(4～5 千克)，2 人包盘，1 人搬运。要在锅台附近用木板或桌子搭成一个操作台，台上放托盘，托盘下面放 2 个横棍，便于拿盘，帘下放模具，模具内放包膜，包膜上放培养料，料的厚度为 5.5 厘米，料面要用摊料板摊平，四角微压。盖膜时要先叠两边，后叠两头，包好料块后单摆单放，降低料温，降温后 5～6 盘摞在一起准备接种。

(四)接种技术

当料温降到 25℃以下时便可接菌，接菌室最好选择封闭较好的空房，便于消毒灭菌。首先要把室内打扫干净，用喷雾器喷洒 2%～3%来苏儿溶液进行室内消毒，然后把接种需要的菌种、料盘及所有工具搬进室内，再次喷 2%～3%来苏儿溶液，菌种瓶外用 0.1%高锰酸钾溶液消毒后开始接种。

接种时，操作人员衣服洁净，并用 2%来苏儿溶液进行表面消毒，用蘸酒精的毛巾擦手后开始接种。用来苏儿液擦菌种瓶外部，打开瓶盖；然后去掉上面的老菌皮，用接种钩挖出菌种装入盆中，用手把菌种掰成黄豆粒大的菌块，不要掰得太碎，太碎菌丝恢复时间长，容易干燥。撒播菌种时，2 瓶菌种接 3 盘，要撒均匀，四个角要撒到。盖膜时要先盖两边，两端暂时不盖，在上面放一个玉米秸托菌帘，两人同时翻盘，去掉模具，再把两端的薄膜向上翻卷，放上原托菌帘后再翻过来，这样把两端卷紧的膜压在培养料下面，不易开膜防止杂菌孢子落入。接种后菌种面朝上。

(五)发菌管理

1. 室外堆积发菌　接种后的菌盘最好采用室外堆积发菌方式，不但节省空间，而且白天室外阳光充足，气温较高，利于菌丝生长，堆积发菌时，地面用木杆或砖垫起，每5～7盘堆成一垛，垛与垛之间留10厘米间隙，利于空气流通，上面及四周盖20厘米厚的稻草，以利前期低温时增温保暖，后期防止阳光直射。堆放期间要防止畜、禽及老鼠危害。

室外堆积5～7天后，接种点菌丝萌发变白，4℃～8℃条件经10～15天，菌盘表面布满白色菌丝，并开始向培养基深层生长。此间温度变化大，一旦气温迅速上升，如果不及时将菌盘散开，温度越高，菌丝生长越旺，菌丝呼吸作用产生的热量因薄膜包裹而散发很慢，几天后就会使培养基变酸，出现通常所说的“烧堆”现象。

2. 适时上架 一般在5月末进棚上架，高温提前到来时应早上架，气温较低的年份，可晚上架，一般当堆内温度达10℃～12℃时应及时进棚上架，防止高温烧菌。

上架后，随着气温逐渐升高，菌丝生长更加旺盛，必须加强培养场所的通风，每隔1～2天就应给菇房通风，同时简易菇房顶部要盖上遮荫物（草帘、苇帘等），以防阳光暴晒，菇房内温度骤然上升。这个阶段是杂菌污染的多发期，因此要经常检查菌盘，如果个别菌盘发现杂菌污染，可将其移到阴凉、通风的地方继续培养。在接种后40天左右应将菌盘上下调换一下位置。

3. 提膜换气 随着外界气温的不断升高，菌丝逐渐布满整个料面，此时应适当提松塑料膜，通风换气，以利于菌丝生长，50～60天后，菌丝便遍布整个菌块。

4. 促进蜡质层形成 从菌丝长满菌块到出菇为60～70天的时间，这个时期主要是促进菌丝转色形成蜡质层。

蜡质层形成的好坏，对产量结果影响很大。正常的蜡质层有橘黄色和红褐色之分，厚度在0.5～0.8毫米，蜡质层对盘内菌丝起保护作用，既防止水分蒸发，又防止外部虫害和杂菌的侵入。形成良好的蜡质层，也是菌丝健壮和高产的重要标志。

5. 安全越夏 菌盘表面形成蜡质层后，表明菌块的发菌已结束，菌丝体基本达到生理成熟，已具备出菇能力了。但此时正值夏季，外界环境温度高。越夏管理的主要任务是控制菇房温度，加大菇房的遮荫程度，防止阳光直射菇房而导致温度升高。这个时期应使菇房温度控制在 26℃以下。如果超过 26℃，在加强通风的同时，可采取喷冷水降温的措施。在高温期间如果不采取降温措施，使菌盘长时间处于高温条件下，菌丝体就会受到伤害，出菇能力将大大减弱。进入出菇管理的前夕，应对整个菌盘检查一遍，如果有整盘污染杂菌的，应及时拣出处理掉，对于局部污染的菌盘可移出菇房与正常完整的菌盘分开，单独进行管理。

(六)出菇前的管理

当旬平均气温下降到 20℃以下时即可采取措施，诱导原基分化，刺激子实体发生，具体方法如下。

1. 开膜划面 立秋前后，气温逐渐下降，菌丝因受低温刺激开始向子实体方面转化。此时应采取措施，满足其对环境条件的要求，打开包裹着菌盘的塑料薄膜，促进菌丝体的生理转化，为出菇创造条件。在开膜前，首先要清扫菇房，喷 3%来苏儿液和 80%的敌敌畏 600～800 倍液消毒防虫，喷药 30 分钟后开膜，底膜不动，菌盘四边膜打到底，有利于边缘出菇。

开膜以后划割菌盘表面，划成与菌盘边缘相平行的直线，划道的目的是划破菌盘表层的蜡质层，划道距离 3 厘米，深 1

厘米，使培养基内的菌丝接触新鲜空气和水分。不能划得过深，防止喷水后培养基散碎，划道后 2 天不能喷水，使受伤的菌丝恢复生长。

2. 打结菇水 菌丝生长阶段需水量少，转入子实体生长阶段需水量大，必须采取喷水的办法才能满足菌盘要求。因此要多喷结菇水，有利于多形成子实体原基，多出菇、出好菇。水分不足，培养料盘过干，菌丝体新陈代谢迟缓，原基很难形成。

在喷水前首先要封闭菇房，防止水分蒸发过快，保持室内相对湿度，达到喷水效果。前 2 天少喷，以后多喷，一定要用喷雾器喷雾状水。用手指按菌盘时，感到发软湿润，微见水痕时转向地面、墙壁、空间喷水，保持菇房内湿度。

3. 保湿降温 为了保持空气相对湿度，要在墙壁的四周挂草帘、麻袋，四周钉塑料布，地面垫粗沙，有利于操作和保湿。喷水时门口、窗口、下层应多喷。

（七）出菇期的管理

应按照子实体不同发育阶段采取相应的管理措施。进入 8 月末，温度逐渐下降，在满足水分要求的条件下，菌丝受到低温刺激，扭结形成子实体原基。这时料面上出现白色或黄色的小颗粒突起，此时是出菇的关键时期。

此时的管理要点如下。

1. 温度 温度对出菇的影响很大，此时如果菌盘湿度过大、通风不良，室温超过 18℃，小菇蕾将成批萎缩死亡。为了防止这种现象发生，喷水后要缓缓通风换气，防止大风直吹菇蕾。室外气温低于室温，应在中午通风换气；高于室温应早晚通风换气，室温应控制在 10℃～18℃。

同时温度也对滑菇的商品性状影响很大，温度低时一般菌柄粗壮而菌盖较小，菇形紧凑好看；温度高时，子实体色淡、柄细、易开伞。

2. 湿度 湿度包括培养基含水量和空气相对湿度，此期管理要格外小心，此阶段是水分的敏感期，子实体生长要求培养基含水量在70%左右，空气相对湿度85%以上。

此期要保持菌盘表面湿润，同时严禁向原基喷水。这一时期主要以保湿为主，每天应向地面、墙壁喷水数次，保持空气相对湿度在85%～90%。如遇干旱天气，料面干燥，菌盘内含水量达不到70%时，只能向菌盘上喷细雾。

当明显看到小菌盖和菌柄时，已进入幼蕾形成期。菌盖长到玉米粒大时，开始向菌盘上喷细雾，一般每天至少要喷3次。避免大水浇灌，室内空气湿度要达到85%以上，防止子实体和菌盘水分过分蒸发。

随着子实体增多和长大，需水量加大，要适当增加喷水量。滑菇比其他菇需水量大，鲜菇含水量达95.2%，菌盖表面有一层光滑黏液。

但喷水过多，易引起子实体生长缓慢，颜色呈深红色，黏液层厚，并易造成污染和虫害发生。

3. 光线 滑菇出菇阶段需要有一定的散射光，但忌直射光。光线不足时，柄长且易弯曲，菇色较淡，子实体小，开伞早。光线过强对子实体生长不利，影响滑菇产量，散射光最好控制在700～800勒为宜，也就是在菇棚内能够刚好看清报纸上的正文小字。

4. 空气 随着菇的生长需氧量增加，结合湿度、温度及光线管理，注意通风换气，夜间将四周农膜及草帘掀起，阴雨天全天掀起通风。在气温最高的中午，通风换气2～3次，避

免室内二氧化碳积聚，影响菇体生长发育。

滑菇子实体商品性状的优劣是出菇阶段各环境因素综合影响的结果。具体影响情况见表5-1。

表5-1 环境因素对滑菇子实体商品性状的影响

环境因素	盖颜色	盖光泽	黏 液	菌 柄	其 他
基质过湿	深	无	过 多		
空气干燥	正 常	似漆光	极 少		菇体发育慢
湿度过高	淡			长	易开伞
湿度过低	深	无	正 常	短 粗	菇体发育慢
光线不足	淡			细长、趋光	菇小易开伞
通气不良				细 长	

(八)采菇期的管理

每次采菇后要及时清理好菌盘表面，清除蘑菇残根，并停止向菌盘喷水，盖上塑料薄膜，防止菌盘表面干燥，稍微提高培养温度，以利于菌丝积累更多的营养，出好下茬菇。滑菇菌丝经组织化形成原基，它所能利用的水分和营养是由原基下部的菌丝供应，这可通过掰开长有子实体的菌盘部分观察出来。在子实体下方有明显变粗的洁白束状菌丝，而不出菇处仍为白色絮状菌丝，没有白色束状菌丝。这就从菌丝营养生理的角度要求栽培户在采完一茬菇后，必须为菌丝从生殖生长转为营养生长创造条件。停止喷水5～7天后，菌盘表面生出新的菌丝时，再打开塑料薄膜，向菇房的空间和地面喷水，使相对湿度达到85%～90%，几天后又有新的原基形成。

目前我国栽培滑菇主要是靠自然温度养菌、出菇，使用的菌种主要是中、晚熟品种，出菇时要求温度10℃～15℃。然

而适宜出菇的时间只有一个半月左右，为了充分提高产量，当气温降到5℃以下要考虑给予适当的增温条件以延长出菇期。近几年菇农从生产实践中总结出了提高菇房温度的经验，如白天撤掉菇房顶上的遮盖物，利用阳光辐射提高菇房温度。当太阳落山之后，及时盖好保温帘等。这样可维持出完第三茬菇。

(九)越冬管理

没有出完菇的菌盘，要采取措施越冬，采完最后一茬菇后，停止喷水阴干10天左右，使菌盘的含水量尽量降低，避免冬季保管时受冻害。将菌盘清理干净后，移到0℃～2℃贮藏室内，用塑料薄膜将菌盘包好，防止菌盘干燥。翌年春天，当气温回升到5℃时，揭去塑料薄膜，放到出菇架上喷水出菇。管理措施同前。受冻的或完全变黑的、散碎的菌盘都不能出菇。因此，越冬保管前要对菌盘进行一次检查。凡培养块完整、手按时有弹性、掰开菌盘断面有大量白色菌丝，均有产菇能力。相反，菌盘疏松、散碎，块内无白色菌丝且发黑的，就失去产菇能力，应将其淘汰。

五、滑菇袋栽技术标准

袋栽滑菇就是用聚丙烯或聚乙烯塑料袋栽培滑菇的方法。滑菇袋栽生产过程简单，便于集约栽培，流水作业，省工省时，而且生物学效率高。因此，目前滑菇生产逐渐由盘栽向袋栽转变，现介绍栽培方法如下。

(一)工艺流程

配料→拌料→装袋→灭菌→接种→养菌→转色→开袋→出菇→采收。

(二)配料、装袋

1. 称量 选择本章前述提供的配方，要求尽可能准确称取各种原辅材料。对于杂木屑，因数目大且含水量变化大，应采用量体积的方法，先用一只箩筐装好后用装袋试装，得出一筐木屑装的袋数，再扩展至一锅需要多少箩筐木屑。可用铁皮油桶或木桶称量水量，并做好容量刻度线。

2. 过筛 先把杂木屑用 2～3 目的竹筛或铁筛过筛，剔除小木片、小枝条及其他有棱角的硬物，或拌料将较大的木块等易刺破袋的硬物剔除即可。对于新鲜的麦麸若无鼠害无需过筛，若有鼠害留下粪粒要用米筛过筛。

3. 混合 先将石膏粉、麦麸等不溶于水的辅料混匀，把木屑堆成山形，把混合好的辅料从堆顶均匀撒开，然后将干料拌匀，将糖、添加剂溶于水，倒入干料中。

4. 拌料 根据灭菌锅的有效容积，按选定的培养料配方称料。先将木屑、棉籽壳、麦麸、糠、石膏、碳酸钙等不溶性干料混拌均匀，将糖、尿素等可溶性辅料用清水配成母液，分次加水混入干料，用铁锹来回翻拌 5 次以上，或用拌料机搅拌数次。因培养料含水量测量仪尚需完善，所以目前多用“握料法”。具体做法是：用手抓取料堆中部的培养料，仔细观察紧握后指缝有无水痕或水滴；松手后料团紧实情况；自 1 米高处落地时的状况，并依此做出判断。若指缝间无水痕，料不成团者，含水量在 54％以下；若指缝间仅有水痕，松手时无水滴下，伸开手掌料成团，落地即散者，含水量为55%～60%；若指缝间有1～2滴水，表示含水量为60%～65%；若有数滴水滴下，表示含水量超过65%。当制作菌袋时气温较低(20℃以下)或主料颗粒较大，菌袋较小时，可将含水量调至60%～65%；若制作菌袋时气温较高，或主料颗粒较细，菌袋较大时，宜将含水量调至55%～58%。

5. 装袋技术 将配制好的培养料装入塑料袋中的操作称为装袋或填料。装袋可用手工作业，也可用装袋机装填，机装工效较高，且能保证松紧均匀，少伤或不伤塑料袋，2人配合，每小时可装袋400～500袋，有利于提高料袋成品率。

采用17～25厘米×33～55厘米×0.045厘米的聚乙烯或聚丙烯塑料袋，要求塑料袋厚薄均匀，无折痕、无漏洞、耐高温、耐拉力，装袋时要求上下培养料松紧一致，装好的塑料袋中间打孔，松紧适度，袋口用无棉盖体或橡皮筋封口。装袋技术标准要求“五达标”。

(1)松紧适中 培养料的松紧度标准，应以成年人手抓料袋，五指用中等力捏住，袋面呈微凹指印，有木棒状感觉为妥，如果手抓料袋而两头略垂，料有断裂痕表明太松。

(2)不超时限 装袋要抢时间，从开始到结束时间不超过3小时。无论是机装或是手工装，应安排好人手。

(3)扎牢袋口 无论是扎袋或是拧袋，袋口要求扎牢、不漏气，防止灭菌时代料受热膨胀，气压冲散扎头，杂菌进入。

(4)轻取轻放 装料和搬运过程要轻取轻放，不可硬拉乱摔，以免料袋破裂。

(5)日料日清 培养料的配装量要与灭菌设备的吞吐量相衔接，做到当日配料，当日装完，当日灭菌。

(三)灭菌技术

滑菇袋栽生产时料袋制作要求流水作业，当天拌料、装袋，当天灭菌。料袋可用高压蒸汽灭菌或常压蒸汽灭菌。目前，代料栽培多采用简易灭菌锅进行常压蒸汽灭菌。灭菌锅的生产周期为1～2天，容量1 000～2 000袋的中小型灭菌锅，每天1锅；容量2 000～4 000袋的大中型灭菌锅，每2天1锅。同一个地区一个栽培季节，料袋的生产日期一般为20～30天。若当年计划栽培30 000袋，每天应制料袋1 000～1 500袋。简易灭菌锅应提前30天左右建造，以保证灭菌效果，延长灭菌锅使用寿命。

锅内料袋的摆放方式有2种：一种是在锅内的栅格上先铺一层麻袋，然后将料袋呈"井"字形堆叠在麻袋上，顶部堆间留5～10厘米空隙，千万不要塞得太满，以利于蒸汽流动。另一种是先用周转筐(60厘米×45厘米×30厘米)装袋，然后把周转筐堆码在锅内的栅格上。后一种方式进出袋方便，料袋搬动次数少，且蒸汽环流通畅，灭菌效果更好。生产中，通常边堆码装锅，边生火加热，1～2小时装妥，3～4小时将锅内温度升至100℃。然后，维持工作温度98℃±2℃，6～12小时，中间不许停火，以免温度波动太大，影响灭菌效果。具体灭菌时间应按需要决定。结合各地的经验，容量1 000袋以下的小型灭菌锅，98℃±2℃，4～6小时；1 000～2 000袋的中型灭菌锅，98℃±2℃，8～10小时；2 000袋以上的大灭菌锅，以1 000袋10小时为起点，每增加100袋，灭菌时间相应增加1小时。升火加热的原则是：大火攻头快升温，旺火恒沸保灭菌。灭菌期间，应经常定点检查温度，稍有下降即应补救。若是初次使用的新锅，还应注意锅内水位。一旦低于安全水位线，即应通过连通管补充热水，以免发生烧袋事故。

灭菌技术标准要求“六关键”。

(1)及时进灶　培养料营养丰富，装入袋内容易发热，如未及时上灶灭菌，酵母、细菌加速增殖，将基质分解，导致酸败。因此，装料后要立即进灶灭菌。

(2)合理叠袋　采用周转筐集装料袋，以竖直摆袋入筐。采取料袋直叠灭菌的，应自上而下重叠排放，上下袋形成直线；前后袋形成直线；前后袋的中间要留有空隙，使气流自上而下流通，蒸汽能均匀运行。叠袋后罩紧薄膜，外加麻袋或篷布罩密，然后用绳索缚扎于灶台的钢钩上，四周捆牢，上面压木板加石头，以防蒸汽压力把罩物冲飞。

(3)控制温标　灭菌温标要依据灭菌灶的类型，若是砖砌的蒸仓，料袋上灶后，立即旺火猛攻，使温度在 5 小时内迅速上升至 100℃，保持 16～18 小时，中途不停火，不掺冷水，不降温，使之持续灭菌，防止“大头、小尾、中间松”的现象。采用大型罩膜灭菌灶的，由于气体膨胀，膜内升温较快，从点火至 100℃不到 2 小时。但因容量大，所以上升至 100℃后应保持 20～24 小时，才能达到彻底灭菌的目的。

(4)认真观察　用棒形温度计插入温度观测口内，观察温度。确保温度 100℃不下降，注意及时补充锅内热水，防止干锅。

(5)卸装搬运　达到灭菌要求后，转入卸袋工序，卸袋前先把灶内热源撤出，然后揭开罩物，待温度降至 60℃以下时，方可趁热卸袋。如发现袋口松散或袋面出现裂痕，随手用纱线扎牢袋头，胶布封裂口，卸下的料袋用板车或拖拉机运进冷却室内，车板上要铺麻袋，上面盖薄膜，防止刺破料袋和雨水淋浇。

(6)疏袋散热　灭菌结束后，暂缓出锅（可以提高灭菌效果），待其冷却至 60℃左右时即可出锅。出锅时工作人员戴手套，将装筐灭菌的整筐搬出，将散堆的逐袋取出，轻轻装入垫有衬布的筐内或平板车上，运到接种室或冷却室冷却。冷却期间，料袋呈“井”字形堆码，堆高 6～8 层，堆间预留通道，以利于散热。生产规模较大时，也可在工棚内冷却。冷却场地必须在使用前 24 小时进行清扫和消毒处理，以保持料袋的无菌状态。

通常冷却时间需 24 小时，直至手摸料袋无热感，袋内温度降至 28℃以下为度，监测方法用棒形温度计插入袋料中观察温度。

(四)接种技术

1. 接种场所及消毒处理　大面积生产时，常在接种室和培养场所内接种。接种室一般为一间密封性能好、清洁卫生的房间。在培养室内接种的，常在塑料薄膜罩内接种，也有在培养室内开放式接种的，即不需要任何接种设施就地接种。因为滑菇菌丝生长速度快，生长旺盛，不易出现杂菌侵染。

接种场所在使用之前，要清扫干净地面上杂质，喷洒杀菌剂如 0.25%新洁尔灭等杀灭环境中杂菌。若为密封性好的接种场所，如接种室、接种罩等。可用气雾消毒盒点燃熏蒸杀菌，每立方米空间用 2～4 克气雾消毒盒，点燃后便产生大量的白色烟雾，经杀菌 3～4 小时后开始使用。

2. 菌种准备及接种工具消毒　菌种质量要求为菌丝体浓白，粗壮，生长整齐，没有形成原基，无杂菌，塑料袋和封口没有破裂。菌种袋表面用 0.1%克霉灵或 0.2%高锰酸钾溶液等消毒剂擦洗菌种袋表面进行杀菌处理。接种工具也要用消毒剂进行擦洗消毒。

3. 接种操作 接种的料袋要冷却到30℃以下，在30℃以上时不能接种，否则菌种会被烧死。首先要去掉菌种袋两端的菌种，取中部菌种使用。将菌种挖出成块状，放入已消毒处理过的盆内或塑料袋内，打开袋口，用手或匙取菌种放入袋口内，然后封口。一般以一袋500克菌种接种20～30袋为宜，接入的菌种要求完全覆盖袋为宜，并在袋肩部也有菌种分布。接种量大，有利于提高菌丝生长速度，抑制杂菌侵染。

(五)培养技术

接上菌种的袋叫菌袋，将菌袋移到培养室内或菇房内堆码起来进行发菌管理，让菌种萌发吃料生长并长满袋。大面积生产时，常在菇房内培养发菌，菌丝长满袋后，就地排袋出菇。摆放菌袋的场地要平坦，四周设排水沟。地面撒一层白灰，还要定期喷洒农药杀虫和投放鼠药防鼠害。

1. 码袋方式 码袋培养方式要根据气温而异，在气温较高季节，即温度在25℃以上时，要将菌袋“井”字形地堆码，每层排放2袋，共堆码5～6层，菌袋与菌袋之间要间隔开，这样有利于散热降温，防止高温烧袋。当温度低于20℃时，则要将菌袋横卧放，每排共排放6～7层菌袋，每排菌袋之间相距10厘米左右，注意不要将袋口与袋口相互接触，以及袋口与墙壁接触，造成封口受潮后，出现杂菌感染。若外界温度低于15℃时，摆成7～8层高的菌墙，养菌期间，菌墙之间的距离可以小些，一般采用双墙紧靠的方式，因为前期温度比较低，菌丝萌发较慢，这样可利用菌种生长时产生的生物热来保温发菌。

2. 养菌及越夏管理 养菌就是尽量创造适宜滑菇菌丝

生长的环境条件，如前所述的温度、湿度、氧气等，让菌丝在培养料里顺利生长，直到吃透整个菌袋，并积累丰富的营养，只有培育出健壮的菌丝才能达到优质高产的目的。因此，培养优质的菌袋是丰产、丰收的物质基础，是滑菇袋栽的关键环节。滑菇养菌期要十分注意菇场的空气流通，场内要干燥，切忌闷热潮湿。现将养菌阶段分为3个时期分述如下。

(1)养菌前期　东北地区一般是自接种之日至4月30日，料温应控制在15℃以下，每7～10天将菌袋上下、内外倒垛1次。

(2)养菌中期　5月份，料温应控制在20℃以下，每5天倒垛1次，以利于通风降温，并使发菌整齐。每10天喷洒1次杀虫、杀菌剂，倒垛时如发现菌袋底部有水渗出，应轻轻打开一角，控出多余的水分。如发现被杂菌污染的菌袋要将其挑出单排、单层摆放，遭鼠害的菌袋将伤口封好后单排摆放。除此之外，还要注意的是：①由于培养料温度比气温高3℃～4℃，查看温度时一定以料温为准。②滑菇菌丝长满料之前，对杂菌的抵抗力弱，因此养菌期间不要打开菌袋。③搬运时要轻拿轻放，避免被尖硬物刺破菌袋。

如果温度适宜，管理得当，约1个月培养料表面长满菌丝，2个月菌丝可全部长满，但这不能出菇，需继续培养。此时可将其移入菇棚管理。菌袋入棚前要对菇棚进行灭菌杀虫处理，方法是：①整理菌架，清扫并密封菇棚。②向空间、培养架及地面喷水，使棚内相对湿度达到70%以上、温度在25℃以上，密闭24小时。③向菌架及空间喷洒敌杀死1 000倍液，燃烧硫黄或菇保熏蒸(每立方米用硫黄15克、菇保4克)。密闭48小时后，打开门窗通风，再向地面撒一层白灰粉。

(3)养菌后期　6月份主要管理工作是创造适宜滑菇菌

丝生长的环境条件，使菌丝充分蔓延生长，吸收和积累营养。方法是：①遮严菇棚，避光养菌。②刺孔增氧，当菌丝生长达到距两头10厘米时，便可用毛衣针或自行车辐条做的针刺孔，两头各刺6～8个孔，深度为2～3厘米。③注意天气变化，及时调节菇棚温度，保持在25℃以下。④5～7天在夜间打开门窗通风1次，保持棚内空气新鲜。⑤定期检查污染情况，对有轻微污染的菌袋要将其摆放在底层，发现松散、菌丝暗黄、发黑发黏、有酒糟味、腥臭味等污染严重的菌袋，要将其搬出棚外烧毁或深埋，搬运时注意不要弄破菌袋。

（六）出菇前的管理

7月份疏散遮荫物，增加光照，促进菌膜形成。按菌袋的成熟度与大小进行分级。菌袋的成熟度是指菌袋的弹性感强弱、菌膜的有无、菌膜的厚薄、菌丝分布程度等。

菌膜的形成是菌丝在高低温度变化条件下，其分泌物干涸与表面菌丝结合而成。菌膜形成与品种和培养条件有关。高温品种形成菌膜早，过厚时表示菌袋老化或光照过强，中、低温品种到菌袋成熟时才形成菌膜。菌膜不是出菇的必要条件，但菌膜起到类似“树皮”的作用，对延长菌袋的寿命有一定的作用。因为没有形成菌膜的菌袋，虽然也能出1～2潮菇，但浇水后菌袋很容易发黑变散，就再也出不好了。菌膜较薄，呈黄褐色或浅红褐色为好。菌膜厚且深红褐色时其产量不及前者。对于菌膜形成不好的菌袋，要放在温度变化较大、光线略强的地方培养，促进菌膜形成。

（七）出菇期的管理

立秋后天气渐冷，滑菇的菌丝已发育成熟，进入出菇期。

养好菌的菌袋洁白，不松散，表面形成淡黄色菌膜。这些都表明菌袋已具备了出菇的内在因素，此时如气温、水分与空气相对湿度适宜时即可出菇了。

1. 开袋划菌 到8月下旬气温降到20℃时应立即整理菇棚内的菌袋，将污染的淘汰，清除杂物，用克霉灵500倍液杀菌，喷洒菇虫净杀虫。地面用河沙垫好，喷水调节棚内湿度85%以上，1～2天后，对形成菌膜的菌袋，进行开袋划菌。即划破菌膜，便于水分和空气渗入。划菌后如气温稍高，短时间内不能出菇时，划口处又被新长的菌丝封住，此时要重新划口。方法是：取一个宽、厚各2厘米，长随意的长方形木棍，在一头的两侧各安上一个1毫米厚的刀片，刀片露出0.5厘米，稍有角度，将菌袋两头划成2厘米×2厘米的小方块。

2. 催菇 划菌2～3天后，除地面多洒水保持空气相对湿度外，还要向菌袋喷重水1次，挤压菌袋有水渗出为准。控制棚内温度在20℃以下，湿度在85%～95%。经常通风换气，保持空气清新，促使菇蕾出现，催菇期15天左右。浇水的原则是：前期少喷、勤喷，后期多喷。菇棚地面、四壁、顶棚都要喷，使菌袋含水量达到70%。

3. 分化期的管理 开袋20天左右，昼夜温差较大，管理得当，开始逐渐现蕾。当菇蕾像米粒般出现时，进入水的敏感期，水大水小是决定产量的关键。如菌袋不干、不缺水，此时应减少甚至不往菌袋上喷水，注意不要使菌袋上积水，以免死菇。保持其他部位多喷水，使相对湿度在90%左右。随着菇的生长需氧量增加，要注意通风换气(夜间将四周农膜及草帘掀起，阴雨天全天掀起通风)。

4. 出菇期的管理 菇盖长到0.5厘米，可往菌袋上喷水。但要轻喷，水不可过热过冷冲击菇蕾，随着滑菇渐渐长大，逐步多喷水。每天至少3～4次，风大干燥要多喷。阴雨天少喷或不喷。最好夜间喷1次。出菇期棚内温度保持15℃，湿度90%以上，水温要在10℃以上。此期的技术要点是：避风、降温、保湿、增光。

在正常情况下，滑菇原基经4～5天就可长成正常的子实体。如果生长迟缓，菇体畸形，要及时分析原因，找出对策。

5. 第二潮菇的管理 第一潮菇采收结束后，要及时清理菌袋，清除棚内残菇废料。挑拣出被杂菌污染的菌袋，刮除病斑，用药剂处理后，单独摆放。此时应停止向菌袋喷水，保持空气相对湿度70%～80%，使菌袋休养生息积累营养。同时还要喷洒农药杀虫和杀菌。7～10天后即可进行催菇管理，方法同上所述。

6. 第三潮菇的管理 进入10月下旬，夜间温度已降至滑菇停止生长的温度，此时应增加加温设备，使长出的菇蕾迅速长大。其他管理同上。如果温度适宜，可以一直出菇，达到1千克干料可出鲜菇1千克，生物学效率达100%。

但长春地区11月初温度已下降到0℃以下，如果不采取加温措施春节前仅出2潮菇，到了翌年春季和秋季各出2潮菇。因此，长春地区袋栽滑菇多采用1年栽培2年收获的办法，大大地节省了劳力，翌年春季和秋季要进行机械搔菌，其他管理方法同前文所述。

第六章　滑菇病虫害防治技术标准

滑菇要实现无公害、绿色、有机产品标准，在病虫害的防治上就必须严格按照“预防为主，综合防治”的原则，注重生态防治、生物防治、物理防治、尽量不用或少用化学农药，如果必须用药，也必须严格遵守农业部 NY/T 393—2000《绿色食品农药使用标准》。

一、常见杂菌控制技术标准

（一）常见杂菌及其特征

1. 曲霉　滑菇菌种和栽培袋中最常找到的曲霉，初期出现白色绒毛状菌丝体，扩展蔓延较慢，菌落较厚，很快转为黑色或黄绿色的颗粒性粉状霉层，抑制滑菇菌丝生长。滑菇菌丝生长良好时将其覆盖，对出菇影响不大。常见的曲霉有：烟曲霉（*Aspergillus fumigatus*）、灰绿曲霉群（*Aspergillus glaucus groups*）、黄曲霉群（*Aspergillus flavus groups*）。

2. 青霉　滑菇生产过程中最常见的是青霉属的霉菌，危害十分严重。青霉菌丝生长的不快，但很快长出绿色的分生孢子，形成一片蓝绿色粉状霉层；能明显抑制滑菇菌丝生长，后期还侵害滑菇子实体变为寄生性病害，滑菇菌种和栽培袋污染最普遍的青霉有：产黄青霉（*Pennicillium chrysogenum*）、圆弧青霉（*Pennicillium cyclopium*）、绳状青霉（*Pennicillium funiculosum*）、赭色青霉（*Pennicillium ochrace-*

um)、产香青霉(*Pennicillium palitans*)、指状青霉(*Pennicillium digitatum*)、软毛青霉(*Pennicillium puberelum*)、白边青霉(*Pennicillium italicum*)、白青霉(*Pennicillium albidum*)。

3. 木霉 木霉俗称绿霉,菌丝生长快,产生绿色的分生孢子斑即可以识别。滑菇菌种和栽培袋中污染的普通木霉有:灰绿木霉(*Trichoderama glaucus*)、康宁氏木霉(*Trichoderama koningii*)、绿色木霉(*Trichoderama viride*)、白色木霉(*Trichoderama polyspora*)。

木霉有时也造成滑菇菌种和栽培袋大量报废。

4. 链孢霉 也叫红色面包霉(脉孢霉),是谷粒(高粱、麦粒)菌种的主要污染菌之一。红色面包霉生长很快,在24小时之内就能长满试管。在分枝的分生孢子梗上长一条长链,其上长有水红色链孢霉型的分生孢子。它能透过棉塞,在菌种瓶外面产生大量水红色的分生孢子。这种霉菌能杀死滑菇菌种和栽培袋菌丝和引起瓶中谷粒生醇(产酒精)发酵。污染这种霉菌从栽培房里很容易闻到酒味,甚至通过棉塞也能闻到一股浓厚的酒精香味。可以通过这一特点来辨别。

细交链孢霉(*Alternaria tennuis*)、蠕孢霉的某些种(*Hemithosporum* spp.)和弯孢霉(*Curvularia* sp.)经常污染滑菇菌种和栽培袋,形成巨大的淡黄色、暗灰色或灰色的菌落。以大量暗色、粉状孢子繁殖。这些污染菌在基物表面形成刚毛状分生孢子梗,碰触后孢子很容易散到空气中。

细交链孢霉在瓶内形成很暗的灰色——几乎黑色的斑点,在琼脂培养基上生长很快,5天后形成短的暗色分生孢子梗,其末端有特征性的暗色、多隔、椭圆形或卵形的分生孢子链。这种霉菌生长得很快,在24小时之内就能长满试管,致使滑菇菌种和栽培袋不能和它争占基质——麦粒(谷粒),而被细交链孢霉埋没掉。

5. 毛霉 毛霉俗称长毛霉,菌丝稀疏,生长迅速,表面形成很厚的白色棉絮状菌丝团,随着生长,逐渐出现细小黑色的球状分生孢子囊,几乎在任何潮湿的有机物上,包括滑菇菌种和栽培袋的培养料和麦粒上都是很普通的。

6. 根霉 根霉菌落初形成时为灰白色或黄白色,孢子囊成熟时变成黑色,匍匐形菌丝,会产生假根,时常危害滑菇菌种和栽培袋。

7. 黏菌 一般在菌栽时易发生黏菌病害,呈白色、黄色变形虫状或网状,于菌盘表面扩散,是侵染滑菇的害菌。孢子在2℃～30℃均可萌发,在12℃～26℃则形成变形体(黏菌子实体)。黏菌侵害子实体时,在菇体表面出现界限不明显的斑纹。2～3天内就使子实体烂掉。注意水分管理是防治黏菌危害的主要方法。

(二)杂菌污染的原因

1. 接种时间晚 到5月份才开始接种为时已晚,因天气已转暖易感染杂菌。2～4月份接种最好,因滑菇菌丝5℃以上开始萌发生长,而霉菌则需15℃以上才大量发生。因此,要安排早接种采用低温发菌,可渡过霉菌感染关。

2. 料瓶料袋制作不当 如原材料受潮发霉、培养料含水量过大,袋料太满或料袋扎口不紧等。

3. 培养基灭菌不彻底 表现为瓶壁或袋壁上出现不规则的杂菌群落。往往是由于灭菌时间或压力不够,灭菌时装量过多,过紧不透气或摆放不合理,或高压灭菌时没放尽冷气造成的。

4. 菌种带杂菌 主要表现在菌种块上或周围污染杂菌. 此类污染往往成批出现且污染的杂菌类型比较一致。

5. 接种操作造成的污染 此类污染常分散发生在菌种培养基表面，主要是由于接菌场所消毒不彻底，或接种时无菌操作不严格造成的。菇农栽培滑菇无固定接种室，多在住宅接种，污染机会多，因此要严格执行无菌操作。如接种室及菇房要彻底消毒，墙壁及大棚要涂白(用白灰刷 1 次)，所有用具及塑料薄膜要用 3%来苏儿溶液浸泡。工作人员穿消毒白大褂，戴帽子(掩住头发)、口罩，先洗净双手，操作前再用 75%酒精棉球擦手，接种时不允许其他人出入，更不宜吸烟、吐痰或交谈。上架以后室内定期喷 3%波尔多液。

6. 培养过程中污染 灭菌时棉塞受潮，培养室环境不卫生，高温高湿等均是造成培养过程污染的原因之一。

7. 破口污染 灭菌操作或运输过程中不小心，使容器破裂或出现微孔，或由于鼠害等使菌袋破损造成污染。

8. 培养基混入松树锯末 因松树锯末含有杀菌物质，可抑制滑菇菌丝生长，菌丝不吃料，致后期杂菌大量发生而失败。

9. 菌种老化 最适合的菌龄是从接种开始 40～50 天的菌种。已老化的菌种，菌丝体已成熟，菌丝生长慢，后期易感染杂菌。早期生产的菌种，应贮于 4℃以下，使菌丝休眠，才可防止不老化。

10. 接种量偏少 正常情况下，盘栽滑菇的培养料和菌种比例为 10∶1。如果接种量偏少，菌丝生长慢，易感染杂菌。适当增加用种量如 10∶1.5 或 10∶2，则很少感染杂菌。

11. 蒸料和接种不同步 有的菇农先集中蒸料，数天后集中接种，这样造成污染机会增多。正确做法是：趁热出料包装或装袋，在室内降温，当天接种，不可延至翌日。

12. 菌块太厚 厚度以8厘米为宜，即装料10厘米压缩到8厘米，菌块厚菌丝长满培养基时间延长，杂菌感染率高。

13. 用旧塑料膜 用过一次的旧膜，特别是受过霉菌污染的旧膜感染率高。如用旧膜时，要先用碱水冲洗再用3%来苏儿溶液浸1昼夜，捞出抖掉水珠再用。

14. 菇房湿度大 菌丝生长时室内相对湿度不宜超过70%，即宜干不宜湿，而出菇时需湿度大。湿度大时可加强通风，室内放生石灰吸潮。

15. 菌块水分大 滑菇培养料湿度不宜超过65%，水分大菌丝生长慢。如菌丝已穿透1厘米，因底部水分大(料湿度大含水多)菌丝不长时，可将菌块翻过来，菌丝可继续生长。

16. 阳光直射菌块 培养基上架培养菌丝要避光，室内有散射光即可，如阳光直射菌块，菌丝生长会受抑制。因此，要避光培养，不可使日光照到菌块上。

17. 通风有死角 菌丝生长需要氧气，发菌期通风良好，可使菌丝迅速生长，提前长满培养基。因此，建菇房时南北窗要均等，窗口要大，与地面平齐建地窗，房顶要设拔风筒。

(三)综合防治措施

为确保滑菇正常生长发育，达到优质高产目的，应坚持“预防为主，综合防治”的方针。保持接种场所、工具和接种人员的清洁卫生，以防传递感染。

1. 选场地 选择地势较高、通风良好、水源清洁、远离畜禽舍等污染源的场所作菌种场和栽培场地。

2. 把好培养基和栽培袋的制作关 选择新鲜、干燥、无霉变的培养料，用前暴晒2～3天；培养料含水量要适宜，拌料要均匀，当天配料要当天分装灭菌。容器口要擦净。

3. 培养基质灭菌要彻底 保证灭菌的压力和时间，装量不能太满，容器之间要有孔隙，高压灭菌时排放冷空气要完全。

4. 严格检查菌种质量，适当加大菌种质量 选用无病虫害、生活力强、抗逆性强的优良品种。

5. 接种场所消毒要彻底，接种要严格无菌操作 灭完菌的料瓶（袋）应直接进入洁净的冷却室或接种室，接种动作要迅速准确，防止杂菌侵染。

7. 搞好培养室和出菇场的环境卫生，改善滑菇生长发育的环境条件 培养室和出菇场事先要严格消毒，培养过程中要加强通风换气，严防高温、高湿。

8. 定期检查，发现污染及时处理 污染的菌种要立即销毁。对污染轻的栽培袋可用浓石灰水冲洗抑制杂菌，或用75％的酒精注射污染处，均可控制病菌蔓延，然后将处理的栽培袋置低温间隔培养。段木或畦栽发生污染时，可先挖去患病部位，然后进行药剂处理。如杂菌发生严重，可将污染料灭菌后掺入新料中重新利用，也可将其深埋或烧毁，切忌到处乱扔或未经处理就脱袋摊晒。

9. 科学用药 经常检查菌袋，霉菌污染的要及时处理，以免蔓延。霉菌点状发生时，向患处注射1％克霉灵，即可杀灭杂菌又不会影响菌丝生长。污染较重呈局部片状时，可先挖除霉菌，并在患处喷洒5％的石灰水。污染严重的要及时清理并挖坑深埋。

二、虫害防治技术标准

滑菇栽培在养菌期和出菇期常发生菇蝇、菇蚊及其幼虫菌蛆危害，其次是螨类（菌虱）。

（一）菇　蝇

成虫比较矮胖，头部小，胸部大，驼背状，淡褐色或黑色，比菇蚊健壮，爬行快。幼虫（蛆）为乳白黄色，背部略有潜黑色条纹，嘴部有角钩，有 11 个节，体长 7～13 毫米，尾部最大直径为 2～3 毫米。

菌袋、菌盘在开（袋）前，菇蝇从塑料膜缝隙处或破裂处进入后，在菌盘上产卵，也有的是在开袋后在含水较多、菌丝发育不良的菌盘表面凹处产卵，温度适宜时很快孵化成头部呈白色的幼虫（蛆）。幼虫排泄的分泌物与菌盘多余的水分混在一起，呈黏液状物质。幼虫多在菌盘表面侵吞菌丝。

防治方法：出菇前发现有蚊蝇大量发生时，可用敌敌畏农药熏蒸，同时向菌盘表面喷施敌敌畏或乐果。出菇后发现有菇蝇、菇蚊危害时，可用菇虫净、除虫菊酯等低毒农药，或 0.5 千克烟蒂加水 5 升，煮沸后取滤液喷洒。此外要加强通风，降低出菇温度，尽量减少危害。受蚊蝇危害严重的菌盘要及时隔离处理。

（二）菇　蚊

成虫比菇蝇小，体细长，深褐色或黑色，足、触角和翅都比较长。停止活动时，双翅平叠在背上，卵很小，椭圆形，白色或淡黄色。幼虫比菇蝇幼虫细而短，体长 5～7 毫米，最粗部分直径1毫米左右，身体透明，爬行稍快，头部为黑色。

出菇期幼虫从滑菇基部侵入蛀食子实体，在菌盘表面活动的幼虫侵食皮膜，由表向里吞食菌丝体，最后把菌盘吃成糠状。

防治方法参见菇蝇。

(三)螨　类

螨类俗称菌虱。个体很小，长约0.3毫米，爬行缓慢，易成堆活动，成堆时呈明显的粉末状。经常发生在菌盘四周，呈黄褐色、灰褐色、红褐色等。主要侵食菌丝体。

防治方法：首先是杜绝虫源侵入的机会。它主要来源于仓库、饲料间的各种饲料里。利用仓库、鸡舍等作养菌出菇室时，要进行彻底消毒，使用前用白灰刷墙，用敌敌畏熏蒸。其次在养菌期间发现有螨类时，可用棉球蘸敌敌畏悬挂熏蒸。

(四)线　虫

线虫是一种无色的小蠕虫，体型极小，需要在显微镜下观察。线虫在滑菇体内繁殖很快，幼虫发育成熟，并再生幼虫，幼虫侵害菌丝和子实体，以子实体受害为重。当滑菇子实体的菌柄长到2厘米时，由菌盖处开始变黑，使整个子实体腐烂变黑，倒伏在菌盘上，表面长有霉菌并有霉臭味。特别是菌盘表面水分多与受害的子实体流出的黏液混合后，则加重了线虫的危害。

防治方法：蒸料时要注意见气撒料，使高热蒸汽同培养料紧密接触，使线虫全部被杀死。出现线虫危害时可用80毫克/千克硫化锌防治。

(五)综合防治措施

虫害一旦发生就很难防治,因此,必须采取“预防为主、防重于治、防与治相结合”的综合防治措施。

1. 搞好环境卫生,清除虫源 培养室必须清洁卫生,培养室周围没有垃圾堆、腐烂瓜果等物。培养室必须远离畜禽饲养场所,清除培养室及培养室周围的所有废物,防止虫螨在废物上越冬。

2. 安装纱门、纱窗,防止成虫迁入 用 0.22 毫米的尼龙纱或双层纱布安装在培养室的通气口、门、窗上,并在纱网上定期喷药阻隔和杀灭迁入的成虫,并注意消灭培养室中陆续羽化的成虫。

3. 药物防治 菌种一旦发生虫害,就必须处理掉,坚决不能再作为菌种使用。并必须对发生虫害的培养室进行药物防治,以免传染给其他的菌种。培养室用药必须用高效低毒、低残留无公害的农药,用药期宜早不宜迟,以杀死初次迁入的虫原。药物一般采用 50%或 80%敌敌畏乳油 300～500 倍液;80%敌百虫可湿性粉剂或 50%敌百虫乳油 500～1 000 倍液;75%辛硫磷乳剂500～1 000 倍液;73%克螨特乳油或30%克螨特可湿性粉剂 1 000～2 000 倍液;20%杀灭菊酯乳油 800～1 000 倍液喷雾。

第七章　滑菇采收加工技术标准

一、加工场所环境卫生和建筑要求

(一)环境条件

滑菇保鲜、加工厂(场)应选择在没有污染和没有潜在污染的地方。根据 GB 3095—1996《环境空气质量标准》中规定的三级标准要求,工厂(场)必须远离工业区,避开有“三废”排放的企事业、垃圾场、畜牧场、化粪池、居民区、常规农田等,保证厂(场)址周边生态和环境条件良好。加工、保鲜厂(场)周围地区禁止用气雾杀虫剂、有机磷、有机氯或氨基甲酸酯等杀虫剂。同时保鲜、加工厂(场)本身也不对周围环境构成污染,如加工剩余物,冲洗、烫煮的废水等要及时清理,妥善处理。需要用水的厂(场),水源充足、水质良好,达到 GB 5749—1985《生活饮用水卫生》。厂(场)址还应地势高燥、开阔,阳光充足,有电源,交通相对方便又没有尘土飞扬的地方。

(二)厂房布局

保鲜厂(场)和烘烤厂的原料整修、晾晒与保鲜、烘烤场所应合理分开,互不影响。晾晒的场所应是水泥地面,无尘土飞扬,滑菇不直接接触地面,用干净卫生的盛具盛装晾晒。腌制加工用的腌制池应符合食品卫生腌制要求。

(三)建筑设计

保鲜加工厂(场)房建筑和设计应符合《中华人民共和国食品卫生法》、《工业企业设计卫生标准》、《消防法》等的有关规定,按食品加工的工艺要求进行设计建造。厂(场)内各工序有机区分,互不影响,又有卫生安全通道相互连贯,厂房结构墙柱面应光滑,无吸附性,可冲洗;分检车间光线 500 勒以上,一般操作场所 100 勒以上;有纱门纱窗,通风排气良好,通风排气口保持清洁,不得有灰尘和油泥堆积;排水系统畅通,防止固体物流入阻塞、污染;有规范的洗手、更衣处,并提供必备设施和用品,以保证人员进入车间无菌卫生状态,这对产品的无公害、安全卫生极为重要。

厂(场)房的室内外要卫生整洁,除硬件构筑外,在灭蚊、鼠、蟑螂和其他有害昆虫及其孳生环境多采用物理、机械和生物法,少用药剂防治。

(四)设备类型与使用标准

滑菇保鲜、加工设备应选择低能耗、高效率、无污染的设备,设备各组成部分要相互配套。设备制造的材料应符合卫生、无污染的安全要求。设备使用按规定程序进行,设备用具、工具定期检修,使用前后均必须擦洗干净,冲洗水源符合饮用水标准。每天保持设备场所的干净清洁。与加工有关的物资堆放整齐,一次性用具使用完及时清理出车间,保持车间内、设备周围清洁、安全。

二、采收与加工

栽培出优质的滑菇仅仅完成了栽培目的的一半，适时采收及时加工仍很重要。应根据不同的销售方式，采取不同的加工方法。要增强质量意识，充分认识质量是产品的生命，及时采收，认真加工，多出等内菇。如果对此认识不足，把关不严，必然导致有产减收或有产无收。

（一）适时采收

根据滑菇子实体外部形态，可将其发育过程分为 3 个时期：①第一时期菇蕾呈球形，菌膜完整，菌盖淡黄色，边缘紧贴菌柄。②第二时期菌膜将破未破，呈半球形，菌盖橙红色，此时为最佳采收期。③第三时期菌膜破裂，菌盖平展呈锈褐色，即开伞菇。

滑菇从菇蕾出现，在正常情况下，当菇柄长到 2～3 厘米时，菌盖还未开伞前就应及时采收。未开伞的菇，菇柄坚实，菇盖深褐色油润光滑，质地鲜嫩，品质最佳，此时即是采收适期。如已开伞，孢子飞散，则过于老熟，菇体变轻，品质较差。

采收前应停止喷水，如果喷水后就立即采收，易黑根，一般从原基分化到采收需要 15 天左右，每次采菇后要及时清理好菌袋表面，清除滑菇残根，并停止向菌袋喷水，盖上塑料薄膜，防止菌袋表面干燥，稍微提高培养温度，以利于菌丝积累更多的营养，出好下茬菇。

采收时用手捏住菇根轻轻拔起，不要把培养料带出来，要采大留小，丛生的应全丛大小一起采下。

采收下的滑菇要及时除掉根部的杂物，并切除根部，同时按分级标准进行分级。之后即可投放市场鲜销，或在冷库暂时存放，运往罐头厂制罐头。目前我国滑菇的等级主要根据菇体大小和是否开伞来分级，还没有国家标准，行业内部鲜商品分级常用以下2个标准。

1. 二等级划分标准

一级滑菇　菌盖直径2厘米以内，菌柄3厘米，不开伞。

二级滑菇　菌盖直径4厘米以内，菌柄3厘米，允许有少量开伞菇。

2. 三等级划分标准

一级滑菇　菌盖直径1.6厘米以下，菌柄长3厘米以下，鲜度良好，无机械损伤，无水浸。

二级滑菇　菌盖直径1.6～2.2厘米，菌柄长4厘米以下，鲜度良好，无机械损伤，无水浸。

三级滑菇　菌盖直径2.2～2.7厘米，菌柄长5厘米以下，鲜度良好，无机械损伤，无水浸。

（二）腌渍加工

1. 工艺流程　修剪、分级→杀青→冷却→腌渍→包装、保藏。

2. 修剪、分级　采收的滑菇要切去硬根，保留1～3厘米的菌柄，除去异色、腐烂、虫蛀菇及杂质等残次物。按销售的要求分清级别。

3. 杀青　杀青的目的是杀死菇体组织，便于盐分进入。将整理好的鲜菇投入开水中预煮。每50升水一次煮30千克鲜菇，每锅水煮2～3次。要沸水下菇，用旺火尽快使水沸腾翻滚，并用笊篱不断轻轻翻转，注意轻碰菇体，勿将菌膜弄破。菇要煮透，使菇体内细胞死亡。凡煮透的菇体，投入清水中都下沉。煮菇要及时，否则会增加开伞菇、破碎菇，影响色泽，降低质量。

4. 冷却 杀青完了的菇放在冷水中冷却。可用流动水多次降温冷却，当温度降至20℃以下时方可捞出。

5. 腌渍 生产实践中，每100千克煮过的滑菇，要用食盐40千克。腌制时先在缸或桶底撒一层1厘米厚的盐，再放2厘米厚的滑菇，这样一层盐一层菇相间，直到装满缸或桶为止。并用两层盐封面。盖帘后压上石块，然后注入饱和食盐水淹没盖帘1厘米。

为了提高腌渍滑菇的质量，加工时应注意抓好以下技术环节：①鲜菇倒装时动作要轻，尽量减少周转次数。②杀青及翻缸时，用铝制抓手轻轻翻动，减少机械损伤。③依菇体大小、肉质厚薄，灵活掌握煮菇时间，确保煮熟煮透。④冷却要迅速，冷却水以流动水为好。⑤在腌渍过程中，要及时测定盐液浓度和掉换盐水，以免滑菇腐烂变质。

(三)即食软罐头加工

1. 原料加工 采收的滑菇要切去硬根，保留1～3厘米长的菌柄。除去异色菇，烂菇和虫蛀、杂质等残次菇，一级菇为菌盖直径1～2厘米，不开伞；二级菇为菌盖直径2.1～3厘米，半开伞；等外菇为全开伞。清洗时动作要轻一些，不要将菌伞洗碎。

(1)烫漂 将整理清洗好的鲜菇投入沸水中预煮。每50升开水一次煮菇30千克，每锅水一般可预煮2～3次。每次都要做到沸水下菇，用旺火尽快使菇体煮熟而不烂。

(2)冷却 烫漂好的滑菇要及时放人冷水池或流水中迅速冷却。当温度降至20℃以下方可捞出。

2. 软罐头的加工工艺

(1)鲜滑菇软罐头的加工工艺　烫漂→冷却→香料液配制→混合→装袋→杀菌→成品。

(2)盐渍滑菇软罐头的加工工艺　脱盐→香料液配制→混合→装袋→杀菌→成品。

3. 汤料配方　水 500 毫升，精盐 20 克，白酒 5 毫升，甘草 1.5 克，丁香 1 克，白胡椒 0.5 克，小茴香 0.2 克，鲜姜 5 克，绵白糖 5 克，桂皮 0.5 克，辣椒片 40 克，味精 1 克，色拉油 50 克。可加工滑菇 1 000 克。

4. 加工要点

(1)脱盐　将腌渍的分级滑菇放入干净的水池中，注满水脱盐 5～8 小时，其间换清水 2 次。而后将滑菇从水池捞出，将水控净。香料液配制：将甘草、丁香、白胡椒、鲜姜、桂皮、小茴香用脱脂纱布包好，与绵白糖、食盐一起放入水中，加热煮沸 10 分钟。将调料包取出，待水温降至 60℃左右时，放入味精和白酒。

(2)混合　将脱盐控净水或烫漂后冷却的滑菇与香料液放入同一器皿中，再放入辣椒片和色拉油，也可少量放入一些胡萝卜片、青豆粒等，混合均匀。

(3)装袋　将混好的滑菇装入复合薄膜袋(PET/LDPE)中，袋中香料液为净重的 10%。用真空包装机封口。其真空度在 0.08 兆帕以上。

(4)杀菌　杀菌程序为 3 分钟→10 分钟→3 分钟/100℃，产品杀菌后立即放入净水中冷却。

5. 质量标准

(1)感官指标　菌体呈橘黄色，汤汁较清晰。

(2)滋味及气味　具有滑菇软罐头应有的滋味及气味，

黄、香、辣、微甜。

(3)组织及形态　菌体略有弹性，大小相对均匀，菌盖形态完整，允许少量滑菇有小裂口，无严重畸形。

(4)杂质　不允许存在。

(5)理化指标　氯化钠含量3.5%～4%。

(6)固形物　不低于净重的85%。

(7)微生物指标　不得检出致病菌及因微生物作用所引起的腐败象征。

(四)干制技术

1. 晒干　晒干是干制最常用的方法。将滑菇均匀地撒在晒席上，晒席架离地面，或摊在纱网上，在太阳下曝晒3～5天，便可以收藏。在摊晒期间不宜过多翻动滑菇。

2. 烘干　烘干时温度应从35℃开始，如果温度过高，排湿跟不上，容易引起菇体卷曲和不规则的收缩。在35℃～50℃，再烘4～5小时。最高不超过60℃。然后在45℃～50℃下烘至干燥。一般鲜菇进房到烘干，每炉需10～14小时。在烘干脱水过程中，要根据气候情况，调节好通风口和排气窗，阴天或雨天的温度不同。由于烘房和干燥机各地的设计和规格不同，其通风方式、通风量和加热条件不一，因此干燥方法也必须按照具体条件确定。但总的应注意好温度，注意排湿，干燥后轻取轻放以防破碎。

3. 贮存　干菇分级后可装入塑料袋中，密封或置于木箱内，放在通风干燥处。

(五)包装标准

1. 包装环境　滑菇产品的包装车间应符合GB 7096—

1996《食用菌卫生标准》和 GB/T 14881—1994《食品企业通用卫生规范》。对于直接入口食用的食用菌产品包装环境要符合熟食食品包装的卫生环境要求。

2. 包装材料的选用 无公害滑菇产品包装材料,必须使用无毒安全的食品级包装材料。目前包装材料主要有聚乙烯(PE)袋、纸、纸塑托盘、包装箱、包装盒,内衬塑料膜、塑料袋及捆扎材料等。纸质包装材料必须达到 GB 11680—1989《食品包装用原纸卫生标准》所规定的质量要求,包装塑料袋、塑料膜必须达到《食品包装用聚丙烯树脂卫生标准》、GB 9696—1988《食品包装用聚乙烯树脂卫生标准》,GB 9683—1988《复合食品包装袋卫生标准》、GB 9687—1998《食品包装聚乙烯成型品卫生标准》等。包装纸箱必须符合 GB/T 4892—1996 硬质直方体运输包装尺寸系列。包装物外表标签必须符合 GB 7718—1994《食品标签通用标准》规定的内容。

(六) 贮存标准

贮存滑菇的库房,库内地面要具备防潮设施,防止底部受潮。滑菇在装卸和堆垛时不得踩踏包件或在菇包上坐卧。严禁与有毒、有异味和易于传播虫害的物品混合存放。入库后要防止害虫、鼠类危害。

(七)运输标准

滑菇在运输过程中要注意防曝晒,防潮湿,防雨淋。用敞篷车、船运载滑菇加盖防雨布。严禁与有毒物品混装,严禁用含残毒、有污染的运输工具运载滑菇。

主要参考文献

1　贾身茂等．食用菌标准汇编(一)．北京:中国标准出版社,1997

2　王桂芹,李景怀．北方滑菇栽培中感染杂菌原因及预防．食用菌,2003(5)

3　范宏伟．滑菇熟料袋栽技术．农业科技与信息,2003(4)

4　曹德宾等．绿色食用菌标准化生产与营销．北京:化学工业出版社,2004

5　高志国．滑菇熟料袋栽技术．中国食用菌,2004(2)

6　杜丽华,徐彦国．滑菇生长特性及栽培技术．黑龙江科技信息,2004(10)

7　石磊．滑菇高产栽培技术．农村新技术,2005(6)

8　朱妍梅,石强．滑菇的特性及栽培技术要点．农村科技,2005(7)

9　王桂芹．滑子菇的盐渍．食用菌,2006(1)

10　王文波．滑子菇高产栽培技术．北京农业,2006(2)

11　宋文正,王丽艳．滑菇半熟料栽培温度控制对污染防治的研究．中国林副特产,2006(3)

12　袁明．滑菇霉菌污染的综合防治．农民致富之友,2006(7)

13　尚佳林．反季滑菇生产栽培技术．北方园艺,2006(5)

14　吕树波,黄风霞．大兴安岭高寒地区滑菇代料栽培技术．中国食用菌,2006(5)

15　黄文．南方滑菇栽培技术．长江蔬菜,2003(10)

金盾版图书，科学实用，
通俗易懂，物美价廉，欢迎选购

书名	定价
城郊农村如何发展食用菌业	9.00元
食用菌园艺工培训教材	9.00元
食用菌制种工培训教材	9.00元
食用菌保鲜加工员培训教材	8.00元
食用菌周年生产技术(修订版)	10.00元
食用菌制种技术	8.00元
高温食用菌栽培技术	8.00元
食用菌实用加工技术	6.50元
食用菌栽培与加工(第二版)	8.00元
食用菌丰产增收疑难问题解答	9.00元
食用菌设施生产技术100题	8.00元
食用菌周年生产致富——河北唐县	7.00元
怎样提高蘑菇种植效益	9.00元
蘑菇标准化生产技术	10.00元
怎样提高香菇种植效益	12.00元
灵芝与猴头菇高产栽培技术	5.00元
金针菇高产栽培技术	3.20元
平菇标准化生产技术	7.00元
平菇高产栽培技术(修订版)	7.50元
草菇高产栽培技术	3.00元
草菇袋栽新技术	9.00元
香菇速生高产栽培新技术(第二次修订版)	13.00元
中国香菇栽培新技术	9.00元
香菇标准化生产技术	7.00元
榆耳栽培技术	7.00元
花菇高产优质栽培及贮藏加工	6.50元
竹荪平菇金针菇猴头菌栽培技术问答(修订版)	7.50元
珍稀食用菌高产栽培	4.00元

以上图书由全国各地新华书店经销。凡向本社邮购图书或音像制品，可通过邮局汇款，在汇单“附言”栏填写所购书目，邮购图书均可享受9折优惠。购书30元(按打折后实款计算)以上的免收邮挂费，购书不足30元的按邮局资费标准收取3元挂号费，邮寄费由我社承担。邮购地址：北京市丰台区晓月中路29号，邮政编码：100072，联系人：金友，电话：(010)83210681、83210682、83219215、83219217(传真)。